电力可靠性管理丛书

供电可靠性管理手册

内蒙古电力（集团）有限责任公司　组编

中国电力出版社
CHINA ELECTRIC POWER PRESS

内 容 提 要

本书围绕供电可靠性管理展开，共十章，第一章概述、第二章供电可靠性指标评价与计算、第三章供电可靠性目标管理、第四章供电可靠性基础数据管理、第五章供电可靠性运行数据管理、第六章配电网设施可靠性基础知识、第七章技术提升措施、第八章供电可靠性管理提升措施、第九章供电可靠性数据分析与应用、第十章供电可靠性监督检查及评价。

本书采用理论与实践相结合的编写形式，既可作为电力系统用户供电可靠性管理人员的培训教材，也可供从事用户供电可靠性管理的电网公司及各地级电力企业可靠性管理的专业人员使用。

图书在版编目（CIP）数据

供电可靠性管理手册/内蒙古电力（集团）有限
责任公司组编. -- 北京：中国电力出版社，2025.2.
（电力可靠性管理丛书）. -- ISBN 978-7-5198-9344-6

Ⅰ. TM72-62

中国国家版本馆 CIP 数据核字第 2024UT2399 号

出版发行：中国电力出版社
地　　址：北京市东城区北京站西街 19 号（邮政编码 100005）
网　　址：http://www.cepp.sgcc.com.cn
责任编辑：孙建英（010-63412369）　代　旭
责任校对：黄　蓓　朱丽芳
装帧设计：赵丽媛
责任印制：吴　迪

印　　刷：三河市万龙印装有限公司
版　　次：2025 年 2 月第一版
印　　次：2025 年 2 月北京第一次印刷
开　　本：710 毫米×1000 毫米　16 开本
印　　张：13.75
字　　数：182 千字
印　　数：0001—1500 册
定　　价：86.00 元

丛书编委会

主　任： 闫　军

副主任： 薄宏斌　辛立坚

委　员： 臧浩阳　陈少宏　郭红兵　杨明疆　宦　钧

徐　贵　邢　峰　康海平　王振国　裴晓东

胡　新　翟春雨　武剑灵　黄　智

本书编写组

主　编： 赵　琴　邓凤婷

副主编： 董文娟　李智玲　思　勤

参　编： 刘　超　白瑞军　段玮頔　张　翻　师明礼

郝欣健　王浩然　赵　璞　边　洁　刘士超

高海杰　赵晨宇　高　媛　柴晓荣　刘福军

张　萌　陈　燕　田毅帅　白　瑞　刘涛玮

关　开　汪　鹏

前　言

　　供电可靠性是指一个供电企业对其用户持续供电的能力，是国际通用的电能质量管理重要指标。提升供电可靠性是供电企业履行政治责任、社会责任、经济责任的使命担当，是增强国家发展软实力、提升人民群众获得感的内在要求，是建设世界一流能源互联网企业的重要支撑。

　　当前，中国经济由高速发展阶段向高质量发展阶段转型升级，产业布局、市场主体、人民群众更加关注供电服务等基础保障能力。电力企业践行"人民电业为人民"的企业宗旨，需要满足人民日益增长的美好生活需要，为经济社会发展提供安全可靠的电力保障；需要不断提高可靠供电、优质服务水平，助力国家优化营商环境、提升综合竞争实力；需要对标国际先进电网企业，全面提升供电可靠性管理水平，推动配电网管理提质增效，助力公司管理向精益化、数字化转型。

　　为进一步提升电力企业管理水平和设备健康水平，提高可靠性技术人员的专业技能及业务素质，保障电力系统的安全经济运行，实现电力工业的可持续发展，内蒙古电力（集团）有限责任公司组织编写了电力可靠性管理丛书。丛书共包括《供电可靠性管理手册》和《输变电可靠性管理手册》两本。手册编写遵循"有效实用"的原则，将公司电力可靠性管理理念、规定和标准、工作要求等内容整理分类，对多年可靠性管理工作的经验进行归纳总结，对电力可靠性管理的基础理论、工作内容、工作方法等都作了比较详尽的论述，内容涵盖电力可靠性管理各层面、各专业。同时侧重实用性，并将电力可靠性理论与电力生产紧密联系。

本书为《供电可靠性管理手册》，围绕供电可靠性管理问题介绍。本书共十章，第一章系统介绍供电可靠性的基本概念和发展状况；第二章介绍供电可靠性指标评价与计算；第三章介绍供电可靠性目标管理及目标制定方法；第四章详细介绍供电可靠性基础数据管理；第五章详细介绍供电可靠性运行数据管理；第六章主要介绍配电网设施可靠性基础知识；第七章详细介绍提升供电可靠性的技术措施；第八章详细介绍提升供电可靠性管理措施；第九章详细介绍供电可靠性数据分析与应用；第十章详细介绍供电可靠性监督检查及评价工作。

　　本书经供电可靠性专家多次评审，但由于编写时间紧张，加之编者水平有限，书中难免存在疏漏或不当之处，恳请读者批评指正，以便修订时完善。

编者

2024.12

目 录

前言

第一章 概述 ·· 1

    第一节 可靠性基本概念 ···························· 1

    第二节 电力可靠性的发展 ·························· 4

    第三节 供电可靠性管理组织体系 ·················· 9

第二章 供电可靠性指标评价与计算 ·············· 12

    第一节 供电可靠性评价指标与统计方法 ············ 12

    第二节 供电可靠性指标综合计算示例 ·············· 20

第三章 供电可靠性目标管理 ···················· 27

    第一节 供电可靠性目标管理简介 ·················· 27

    第二节 供电可靠性目标的制定 ···················· 29

    第三节 供电可靠性目标分解和停电时户数管控 ······ 37

第四章 供电可靠性基础数据管理 ················ 43

    第一节 供电可靠性数据管理流程和要求 ············ 43

    第二节 供电可靠性基础数据相关知识 ·············· 46

    第三节 供电可靠性基础数据编码体系 ·············· 56

    第四节 高压系统基础数据管理 ···················· 68

    第五节 基础数据维护注意事项 ···················· 70

第五章　供电可靠性运行数据管理···73

  第一节　运行数据管理基础···73

  第二节　事件性质分类···75

  第三节　运行事件时间及范围选取···77

  第四节　停电事件停电设备选取···80

  第五节　运行事件责任原因判断···82

  第六节　运行事件技术原因判断···92

  第七节　不停电运行事件···93

  第八节　运行数据维护注意事项···93

  第九节　运行数据维护案例···96

第六章　配电网设施可靠性基础知识··107

  第一节　配电网设施可靠性统计对象及供电状态分类··················107

  第二节　配电网设施可靠性评价指标与统计方法······················109

  第三节　配电网设施可靠性指标综合计算示例························115

第七章　技术提升措施··123

  第一节　带电作业技术应用··123

  第二节　负荷转带技术应用··128

  第三节　临时供电技术应用··131

  第四节　配电自动化技术应用··135

  第五节　状态检修技术应用··138

  第六节　智能运检装备应用··141

第八章　供电可靠性管理提升措施··145

  第一节　规划设计环节的主要措施··145

  第二节　物资采购环节的主要措施··148

  第三节　建设施工环节的主要措施··151

  第四节　调度运行环节的主要措施··153

第五节　运维检修环节的主要措施 ……………………… 166

第六节　营销服务环节的主要措施 ……………………… 171

第九章　供电可靠性数据分析与应用 ………………… 173

第一节　供电可靠性数据分析基础 ……………………… 173

第二节　供电可靠性数据分析应用 ……………………… 180

第三节　供电可靠性数据分析案例 ……………………… 192

第十章　供电可靠性监督检查及评价 ………………… 198

第一节　供电可靠性监督检查 …………………………… 198

第二节　供电可靠性监督管理工作的检查 ……………… 200

第三节　供电可靠性数据质量检查 ……………………… 204

第一章

概　　述

供电可靠性管理是电力可靠性管理的一项重要内容，直接体现供电系统对用户持续供电的能力，实际上就是用户能以多大的可靠程度得到电力系统供给的电能问题。供电可靠性是指供电系统持续供电的能力，是考核供电系统电能质量的重要指标，供电可靠性反映了电力工业对国民经济电能需求的满足程度，是供电系统的规划、设计、基建、施工、设备选型、生产运行、供电服务等方面的质量和管理水平的综合体现。

第一节　可靠性基本概念

一、可靠性的概念

可靠性是一个涉及多种学科的复杂系统工程，也是系统工程中进行技术经济比较的一项重要内容，通常称为可靠性工程，涉及元件或设备故障数据的统计与处理、系统可靠性的定量评价、运行维护、可靠性与经济性协调等各个方面。

可靠性的定义是指一个元件、一台设备或一个系统在预定时间内和规定条件下完成其规定功能的能力，是衡量产品质量和系统功能的重要指标。

依据可靠性研究的对象差异以及元件、设备和系统使用过程中的差异，元件或系统分为可修复和不可修复两大类。可修复类是指元件或系统损坏后经过修理能恢复到原有功能并继续投入使用的；不可修复类是指元件或系统损坏后无法修复或无修复价值的。

当概率论用于对可靠性定量评价时，可靠性的概率度量称为可靠度，可靠度也是一个概率值。在实际应用中，用于分析元件可靠性指标都是用可靠度来表示的。

二、电力系统可靠性的概念

电力系统可靠性是对电力系统按可接受的质量标准和所需数量不间断地向电力用户供应电力和电能能力的度量。电力系统可靠性包括充裕度和安全性两个方面。

充裕度是指电力系统维持连续供给用户总的电力需要和总的电能量的能力，同时考虑系统元件的计划停运及合理的期望非计划停运。充裕度又称静态可靠性，也就是静态条件下，电力系统满足用户对电力和电能量的能力。

安全性是指电力系统承受突然发生的扰动，例如突然短路或未预料的短路或失去系统元件现象的能力。安全性也称动态可靠性，即在动态条件下电力系统经受住突然扰动，并不间断地向用户提供电力和电能量的能力。

电力系统规模很大，习惯上将电力系统分成若干子系统（发电系统、输电系统、变电系统、发输电合成系统和配电系统），可根据这些子系统的功能特点分别评估各子系统的可靠性。

发电系统可靠性是对统一并网后的全部发电机组按可接受标准及期望数量，满足电力系统负荷电力和电能量需求能力的度量。

发输电合成系统可靠性是由统一并网后运行的发电系统和输电系统综合组成的发输电合成系统按可接受标准和期望数量向供电点供应电力和电能量需求之能力的度量。

输电系统可靠性是从电源点输送电力到供电点按可接受标准及期望数量满足供电负荷电力和电能量需求能力的度量。

变电系统可靠性即变电站电气主接线可靠性，是对在组成主接线系统的元件（变压器、断路器、隔离开关、母线等）可靠性的指标已知和可靠性准则给定的条件下，评估整个主接线系统按可靠性准则满足供电电力及电能量需求能力的度量。

配电系统可靠性是对供电点到用户，包括配电变电所、高低压配电线路及接户线在内的整个配电系统及设备按可接受标准及期望数量满足用户电力及电能量需求能力的度量。

三、电力系统可靠性准则的概念

DL/T 861—2020《电力可靠性基本名词术语》规定，电力系统可靠性准则是指电力系统规划或运行中，为了使系统可靠性达到一定的要求满足的指标、条件或规定。

电力系统可靠性准则的应用范围为发电系统、输电系统、变电系统、发输电合成系统和配电系统的规划、设计、运行和维修等工作。不同地理、气候、社会环境和不同经济条件的国家或地区，所指定的准则也必然有很大差异。

电力系统可靠性准则按研究性质可分为技术性准则和经济性准则。其中技术性准则是系统为了保证要求的供电质量必须接受的检验标准，是保证系统供电质量和供电连续性系统应承受的考核和检验条件，这种准则的选择很大程度上取决于经验判断；经济性准则就是指以事故停电损失、固定费用和运行费用等总费用最小为目标的最优化。另外，描述电力系统可靠性准则还有概率性准则或变量准则及确定性准则或性能试验准则。概率性准则规定满足可靠性目标值的数值参数，或者不可靠度的上界；确定性准则规定电力系统能承受的发电系统或输电系统计划和非计划停运组合的条件。

四、供电系统用户供电可靠性

供电系统是指由电源系统和输配电系统组成的产生电能并供应和输送给用电设备的系统。它是联系电源与用户、向用户供应与分配电能的一个重要环节，由线路和变压器等电气设备按一定的接线方式组成。供电系统用户供电可靠性指供电系统对用户持续供电的能力，实际上就是用户得到电力系统供给电能的可靠性程度。

（1）线路。用户电力系统两点之间输电的导线、绝缘材料和各种附件组成的设施，一般将变电站出现断路器到线路受电末端点作为统计对象。

（2）线段。通过开关设备对线路进行合理的隔离划分形成的每一部分，一般采用线路中工作时停电的最小线路范围进行统计。

（3）用户。供电系统提供电能的对象，按其接入系统的电压等级，用户可分为低压用户、中压用户和高压用户。在用户供电可靠性统计中，以户为基本统计单位。

供电系统状态包括供电状态和停电状态，其中，供电状态是指用户随时可从供电系统获得所需电能的状态。停电状态是指用户不能从供电系统获得所需电能的状态，包括与供电系统失去电的联系和未失去电的联系。对用户的不拉电限电，视为等效停电状态。自动重合闸重合成功或备用电源自动投入成功，不应视为用户停电。

第二节　电力可靠性的发展

一、可靠性的发展概况

可靠性工程是一门涉及多个领域的边缘性综合学科。一般所说的"可靠性"指的是"可信赖的"或"可信任的"。比如一台机器，当要求它工作时，它就能工作，则说它是可靠的；当要求它工作时，它不一定就能工作，而是有时工作，有时不工作，则称它为不可靠。可靠性问题的提出最初是在军工领域,其后逐步形成完整的工程技术体系，并逐步应用到民用产品中。

20 世纪 40 年代被认为是可靠性的萌芽时期，第二次世界大战时期，电子设备开始广泛应用，产品不可靠带来的问题日益突出。在这个时期，航空电子设备由于自身不能可靠地工作严重地影响了任务的执行，电子设备自身的故障比例甚至超过了敌方造成的损失。因此触发了对产品可靠性的研究，德国首先在火箭上提出串联系统理论得出火箭系统可靠度等于所有元器件、零部件乘积的结论；美国经过统计分析，找出航空无线电设备失效的主要原因是电子管的可靠性太差，在 1943 年成立了电子管研究委员会专门研究电子管的可靠性问题。

20 世纪 50 年代是可靠性兴起和形成年代，为解决军用电子设备和复杂导弹系统的可靠性问题，美国国防部成立了一个由军方、工业部门和学术界组成的电子设备可靠性咨询组织（Advisory Group on Reliability of Electronic Equipment，AGREE）。AGREE 组织在《军用电子设备可靠性》研究报告中提出了可靠性设计、试验、管理的程序及方法，确定了美国可靠性工程的发展方向，成为可靠性发展的奠基文件，标志着可靠性已成为一门独立的学科，是可靠性工程发展的重要里程碑。

20 世纪 60 年代是可靠性工程全面发展的阶段，一方面随着国民经济越现代化，人们对电的依赖越深，对供电质量要求也越高；另一方面是电网越来越大，机组容量越来越大，超高压远距离输电增多，同步电网规模扩大，控制系统复杂性提高，电网稳定问题突出，如何合理地保证供电可靠性成为迫切需要解决的问题。

20 世纪 60 年代是美国航天事业迅速发展的时期。美国国家航空航天管理局和美国国防部接受并发展了 20 世纪 50 年代由电子设备可靠性顾问委员会发展起来的可靠性设计及试验方案。与此同时，计算机硬件也从晶体管发展到集成电路，并朝着超大规模集成电路方向发展。这时，苏联、日本、法国、英国等国家也相继开展了可靠性工程的研究。20 世纪 60 年代我国在雷达、通信机、电子计算机等方面也提出了可靠性的问题。

20 世纪 70 年代可靠性理论与实践的发展进入了成熟的应用阶段。世界先进国家都在可靠性方面有所应用。各种各样的电子设备或系统广泛应用与各科学技术领域、工业生产部门以及人们的日常生活中，电子设备的可靠性直接影响着生产的效率，系统、设备以及人员的安全，对可靠性问题的研究显得日益重要。20 世纪 70 年代末，中国前国家计委以电子工业部为重点推行可靠性工程。

20 世纪 80 年代开始，可靠性一直向更深更广的方向发展。在技术上深入开展软件可靠性、机械可靠性、光电器件可靠性和微电子器件可靠性的研究，全面推广计算机辅助设计技术在可靠性领域的应用，采用模块化、综合化和如超高速集成电路等可靠性高的新技术来提高设计对象的可靠性。可靠性在世界得以普遍应用和发展，中国掀起了电子行业可靠性工程和管理的第一个高潮，颁布了一系列有关可靠性的国家标准、国家军用标准和专业标准，使可靠性管理工作纳入标准化轨道，有力地推动了我国电子、军工和航空等行业可靠性工作的开展。

20 世纪 90 年代可靠性在向着综合化、自动化、系统化和智能化的方向发展。中国电力系统可靠性研究和应用有了较大发展，可靠性在电力系统中也得以广泛应用，目前的研究几乎涉及电力系统发电、输电、配电等各方面，可靠性分析也正逐步成为电力系统规划、决策的一项重要的辅助工具。

二、电力可靠性发展概况

20 世纪 50 年代，可靠性概念开始用于工业，并首先在军用电子设备中得到应用。到 20 世纪 60 年代中期，美国、西欧、日本、苏联等国家地区电力系统陆续出现稳定性的破坏事故，导致大面积停电，由此引起很大的震动，使可靠性管理和技术开始引入电力系统。1965 年美国东北部系统发生大停电，美国政府对这次事故组织了调查。在此基础上，1968 年成立了美国电力可靠性协会（National Electric Reliability Council，NERC），将全美分成 12 个安全协作区（后改为 11 个），各自制定了可靠性准则，力求保证电力系统能经受较大事故的冲击，避免由于连锁反应而导致大面积的停电。1981 年由于加拿大和墨西哥的一些电力系统的参加，改名为北美电力可靠性协会（North American Electric Reliability Council），英文缩写仍为 NERC。

与此同时，西欧、日本也纷纷在电力部门开展了电力可靠性管理工作。在推动电力系统可靠性理论和技术问题的研究方面，国际大电网会议（Conference International des Grands Reseaux Electriques，CIGRE）、电气与电子工程师学会（Institute of Electrical and Electronics Engineers，IEEE）、爱迪生电气学会（Edison Electric Institute，EEI）、美国电力研究院（EleCtric Power Research Institute，EPRI）等都做出了重要贡献。

20 世纪 90 年代电力市场的出现和 1996 年美国西部电力系统发生的两次特大停电事故成为影响电力系统可靠性进一步发展的重要因素。电力市场要求竞争必须基于公开、公正、公平原则，而电力自由交易又必须在保证可靠性的基础上才能持续地、健康地进行。1996 年 7 月 2 日和 1996 年 8 月 10 日美国的两次特大停电事故，停电负荷分别为 7.5GW 和 30.5GW，影响用户分别为 200 万和 750 万户。NERC 在总结 1996 年两次特大停电事故的经验教训和电力市场特点的基础上，对原有的电力系统可靠性标准进行修订，于 1997 年推出了《电力可靠性规划标准》（全称），这个《电力可靠性规划标准》要求在成员之间强制执行。1998 年 NERC 又推出《电力可靠性执行细则》（全称），对《电力可靠性规划标准》进行了详细的解释和细化。

1990 年 3 月起英国电力企业私有化之后，体制上有较大变化，国家电力公司（National Grid Company，NGC）对私有化以前制定的 6 部与可靠性有关的标准进行了审查，认为这些标准仍然适用。这 6 部标准是：PLM-SP-1——发电厂接入系统的规划安全标准；PLM-SP-2——超高压输电网规划安全标准；PLM-SP-4——稳定性规划标准；PLM-ST-9——电压规划标准；ERP2/5——供电安全导则；OM3——供电可靠性运行标准。

1994 年俄罗斯对 1984 年起实行的苏联《电力系统稳定导则》进行了修订，推出了俄罗斯《电力系统稳定导则》。

1981 年中国水利电力部颁布实行了《电力系统安全稳定导则》，

它是指导电力系统的规划、计划、设计、基本建设、生产运行和科研试验等部门有关电力系统安全稳定运行的三道防线。第一道防线，对常见的单一故障，如单相瞬时接地，要保持系统稳定运行和对负荷的正常供电；第二道防线，对概率较小的单一严重故障，如三相短路，必须保持系统稳定运行，但允许损失部分负荷；第三道防线，对严重的多重故障，系统可能失去稳定，但必须采取预防措施防止系统崩溃，避免系统发生长时间的大面积停电，并尽可能迅速恢复系统的正常运行。

1983 年中国成立了中国电机工程学会可靠性专业委员会。同年中国电工技术学会成立了电力可靠性管理中心，开展了发电设备、输变电设备和系统的可靠性统计工作。一些大学和研究机构开展了电力系统可靠性的理论研究和教学。电力规划、设计、研究和电力设备制造部门在系统规划和工程设计中开始进行可靠性评估，电力运行部门开展了可靠性管理工作。进入 20 世纪 90 年代，中国电力系统可靠性的研究和应用有了新的发展，开发了有自主版权的电源规划软件、发输电系统可靠性评估软件、配电系统可靠性评估软件、电厂变电所电气主接线可靠性评估软件等，并在中国三峡电力系统、东北电力系统等得到应用。发电、输变电设备的可靠性统计制度化，并开始用于电力企业的管理。

1991 年，能源部以能源电〔1991〕363 号文颁发了《供电系统用户供电可靠性统计办法（试行）》正式开展城市 10kV 用户供电可靠性指标考核。1998 年电力工业部以电可〔1998〕02 号文颁发了《供电系统用户供电可靠性评价规程（暂行）》。2003，中国电力企业联合会电力可靠性管理中心颁发了 DL/T 836—2003《供电系统用户供电可靠性评价规程》，后经 2012 年及 2016 年两次修订，为开展供电可靠性管理工作提供了行业标准。

2016 年，国家能源局发布了 DL/T 1563—2016《中压配电网可靠性评估导则》，为我国广泛推广应用中压配电网可靠性评估技术奠定了基础。

经 30 余年有组织、有计划地进行供电可靠性研究和应用，中国逐步制定了供电可靠性的统计办法，开发了相应的程序，建立了有效的配电网可靠性数据信息库和可靠性理论体系。

第三节　供电可靠性管理组织体系

一、供电可靠性管理体系

国家能源局负责全国电力可靠性监督管理，国家能源局电力可靠性管理和工程质量监督中心负责全国电力可靠性监督管理日常工作，国家能源局派出机构负责辖区内电力可靠性监督管理。

中国电力企业联合会负责电力可靠性技术支持、行业服务等工作。

各级电力企业负责本企业内的电力可靠性管理工作。以国家电网有限公司（简称国家电网公司）为例，供电可靠性管理按照管理层次分为国家电网公司、省级电力公司、地市级电力企业、县供电企业和班站（站所）五级管理。各单位建立健全由企业主管领导牵头，供电可靠性归口管理部门统一负责，包括规划、物资、建设、调控、设备（运检）、营销（农电）、互联网、抽水蓄能和新能源相关专业管理部门组成的供电可靠性管理网络。归口管理部门负责领导、协调本单位的供电可靠性管理工作。

二、供电可靠性管理职责

1. 国家能源局的主要职责

组织建立全国电力可靠性监督管理工作体系，加强有关安全生产的法律法规、制度和标准的宣传；派出机构应当建立辖区内电力可靠性监督管理工作组织体系，制定辖区内电力可靠性监督管理制度。

组织开展全国范围内的电力可靠性管理检查，对重点地区、重要企业开展督查。派出机构应当组织开展辖区内电力可靠性的监督检查工作。

按照规程标准组织开展电力可靠性评价工作。派出机构应当组织开展辖区内的电力可靠性评价工作，并对电力企业报送的可靠性信息进行调查核实。

统一发布年度全国电力可靠性指标和电力可靠性评价结果；派出机构可发布辖区内电力可靠性指标和电力可靠性评价结果。

2. 中电联可靠性管理中心的主要职责

（1）组织拟定电力可靠性行业标准和规程。

（2）开展电力系统设施性能和运行情况的可靠性评估预测。

（3）对电力企业可靠性工作体系建立、信息化建设、信息报送等管理工作进行监督、检查和指导。

3. 电网企业供电可靠性管理主要职责

（1）制订供电系统可靠性评价标准和评价规程。

（2）根据评价准则和评价规程中规定的统计办法与评价指标，采集、整理、审核、存储、报送供电可靠性数据和信息，对所辖范围内的供电系统可靠性指标进行统计、计算、分析与评价。

（3）根据供电可靠性统计数据，评估供电系统当前的运行可靠性状况，找出供电可靠性的薄弱环节，为提出改进与提高系统运行可靠性水平的有效措施提供科学决策依据。

（4）推行供电可靠性目标管理，明确职责与分工，将供电可靠性指标层层分解落实到各生产岗位，实现全员全过程管理，并制订详细的考核办法，严格考核，同时建立供电可靠性控制程序。

（5）预测供电系统可靠性指标，对供电系统的规划与建设进行指导，使规划与建设的方案满足供电系统对供电可靠性的要求。

（6）研究供电系统可靠性与经济性之间的关系，以寻求较高的可靠性增益和成本之间的最佳平衡。

（7）开展供电系统可靠性工程教育、业务培训以及技术交流活动。

（8）电力可靠性管理工作实行"统一领导、集团管理、分级负责"。内蒙古电力（集团）有限责任公司统一组织公司可靠性管理工作，各单位按照内蒙古电力（集团）有限责任公司总体要求开展各级可靠性管理工作，接受国家能源局及其派出机构、地方政府能源管理部门和电力运行部门的检查及监督。

第二章

供电可靠性指标评价与计算

本章主要介绍供电可靠性评价指标与统计方法等，并通过一些示例介绍指标计算过程。

第一节　供电可靠性评价指标与统计方法

为了对用户供电可靠性进行评价，首先必须建立评价的指标体系，以量化指标作为整个分析评价的基础和依据。指标体系应满足如下原则：能够满足用户对供电系统持续供电能力的要求，能够反映供电系统及其设备的结构、特性、运行状况以及对用户的影响，并可以从供电系统及设备运行的历史数据中计算出来。

根据供电可靠性评价规程，供电可靠性评价指标具有如下特点：①以用户为基础，以可以量度的停电次数、停电时间和停电范围等为基本统计要素，根据供电服务质量的需要、设备特性及停电的原因和性质进行指标分类；②采取平均值管理的方式，避免因采用最大值指标而可能出现的供电线路越长、供电范围越大、用户越多，供电可靠性越低的不合理情况。

一、用户供电可靠性评价指标与统计方法

在供电可靠性评价规程中，用户供电可靠性评价指标按不同电压等级分别计算。可靠性的统计指标有主要评价指标、辅助评价指标、其他评价指标。统计期间时间是指统计时段内的日历小时数。

二、评价指标与计算公式

（一）评价指标及公示

1. 用户平均停电时间

用户平均停电时间是指供电系统用户在统计期间内的平均停电小时数，记作 SAIDI（h/户），计算公式如式（2-1）所示。

$$SAIDI = \frac{\sum T_{c,i}}{C} = \frac{所有用户累计停电持续时间之和}{等效总用户数} \qquad (2\text{-}1)$$

式中　$T_{c,i}$——第 i 个用户的累计停电持续时间，h；

　　　C——等效总用户数，户。

2. 用户平均供电可靠率

用户平均供电可靠率是指在统计期间内，对用户有效供电时间小时数与统计期间小时数的比值，记作 ASAI（%），计算公式如式（2-2）所示。

$$ASAI = \left(1 - \frac{SAIDI}{T_p}\right) \times 100\% = \left(1 - \frac{用户平均停电时间}{统计期间时间}\right) \times 100\% \qquad (2\text{-}2)$$

式中　SAIDI——用户平均停电时间，h/户；

　　　T_p——统计期间时间，h。

用户平均停电时间和用户平均供电可靠率是供电可靠性管理中最常用的指标。这两个指标相互联系，如果用户平均停电时间短，则供电可靠率指标高。因此要提高供电可靠率指标，就要缩短用户平均停电时间。用户平均停电时间是所有用户停电持续时间之和除以总用户数，由于总用户数是固定不变的，所以减少每次停电持续时间和每次停电用户数是提高供电可靠率的有效途径。

下面举例说明用户平均停电时间和用户供电可靠率的计算关系。

［案例］ 某单位有 1000 个用户，在 3 月共发生 3 次停电事件，持续停电时间为 2h 的有 20 户，持续停电时间为 4h 的有 30 户，持续停电时间为 6h 的有 10 户。则该单位 3 月相关停电数据计算如下：

用户平均停电时间（SAIDI）：（2×20+4×30+6×10）/1000=0.22（h/户）。

用户平均供电可靠率（ASAI）：$[1-0.22/（24×31）]×100\%=99.9704\%$。

如果该单位采取加强管理，提高检修技术水平，加快故障恢复速度，将停电时间均缩短为现有停电时间的一半，则用户平均停电时间缩短为 0.11h/户，供电可靠率提升到 99.9852%。

如果该单位存在线路分段不足等网络结构问题，每次停电范围较大，停电用户数均为现有停电用户数的 2 倍，则用户平均停电时间增加到 0.44h/户，供电可靠率降低为 99.9409%。

3. 用户平均停电频率

用户平均停电频率是指供电系统用户在统计期间内的平均停电次数，记作 SAIFI（次/户），计算公式如式（2-3）所示。

$$SAIFI = \frac{\sum N_{c,i}}{C} = \frac{所有用户的停电次数之和}{等效总用户数} \quad (2-3)$$

式中　$N_{c,i}$　——第 i 个用户的停电次数，次；

　　　C ——等效总用户数，户。

4. 停电用户平均停电时间

在统计期间内，发生停电用户的平均停电时间，记作 CAIDI（h/户），计算公式如式（2-4）所示。

$$CAIDI = \frac{\sum T_{c,i}}{CN} = \frac{所有用户累计停电持续时间之和}{总停电用户数} \quad (2-4)$$

式中　$T_{c,i}$——第 i 个用户的累计停电持续时间，h；

　　　CN ——总停电用户数，户。

5. 停电用户平均停电持续时间

在统计期间内，发生停电用户的平均每次停电时间，记作 CTAIDI（h/次），计算公式如式（2-5）所示。

$$CTAIDI = \frac{\sum T_{c,i}}{\sum N_{c,i}} = \frac{所有用户累计停电持续时间之和}{所有用户的停电次数之和} \quad (2-5)$$

式中　$T_{c,i}$　——第 i 个用户的累计停电持续时间，h；

$N_{c,i}$——第 i 个用户的停电次数，次。

6. 停电用户平均停电频率

在统计期间内，发生停电用户的平均停电次数，记作 CAIFI（次/户），应按式（2-6）计算。

$$CAIFI = \frac{\sum N_{c,i}}{CN} = \frac{所有用户的停电次数之和}{总停电用户数} \quad (2-6)$$

式中　$N_{c,i}$——第 i 个用户的停电次数，次；

　　　CN——总停电用户数，户。

7. 重复停电用户比率

在统计期间内，供电系统用户中停电次数大于等于 n 次的用户所占的比例，记作 $CEMSMI_n$（%），计算公式如式（2-7）所示。

$$
\begin{aligned}
CEMSMI_n &= \frac{CN_{(N_c \geqslant n)}}{C} \times 100\% \\
&= \frac{停电次数大于等于n次的用户数之和}{等效总用户数} \times 100\%
\end{aligned}
\quad (2-7)
$$

式中　$CN_{(N_c \geqslant n)}$——停电次数大于等于 n 次的用户数，户；

　　　N_c——用户的停电次数，次；

　　　C——等效总用户数，户。

8. 长时间停电用户比率

在统计期间内，累计停电持续时间大于等于 n 小时的用户所占的比例，记作 $CELID_{-t}$（%），计算公式如式（2-8）所示。

$$
\begin{aligned}
CELID_{-t} &= \frac{CN_{(T_c \geqslant n)}}{C} \times 100\% \\
&= \frac{累计停电持续时间大于等于n小时时的用户数之和}{等效总效总用} \times 100\%
\end{aligned}
$$

$$(2-8)$$

式中　$CN_{(T_c \geqslant n)}$——累计停电持续时间大于等于 n 小时的用户数，户；

　　　T_c——用户的累计停电持续时间，h；

　　　C——等效总用户数，户。

9. 单次长时间停电用户比率

在统计期间内，单次停电持续时间大于等于 n 小时的用户所占的比例，记作 CELID_{-s}（%），计算公式如式（2-9）所示。

$$\text{CELID}_{-s} = \frac{CN_{(t_c \geq n)}}{C} \times 100\%$$

$$= \frac{\text{单次停电持续时间大于等于}n\text{小时的用户数之和}}{\text{等效总用户数}} \times 100\%$$

$$(2-9)$$

式中　$CN_{(t_c \geq n)}$——单次停电持续时间大于等于 n 小时的用户数，户；

　　　t_c——用户单次停电持续时间，h；

　　　C——等效总用户数，户。

10. 用户平均停电缺供电量

在统计期间内，用户平均停电缺供的电量，记作 AENS（kWh/户），计算公式如式（2-10）所示。

$$\text{AENS} = \frac{\sum W_i}{C} = \frac{\text{所有停电的用户缺供电量之和}}{\text{等效总用户数}} \qquad (2-10)$$

式中　W_i——第 i 次停电的用户缺供电量，kWh；

　　　C——等效总用户数，户。

11. 平均系统等效停电时间

统计期间内，因供电系统对用户停电的影响折成（等效）全系统（全部用户）停电的等效小时数，记作 ASIDI（h），计算公式如式（2-11）所示。

$$\text{ASIDI} = \frac{\sum W_i}{S_c} = \frac{\text{所有停电的用户缺供电量之和}}{\text{总用户容量}} \qquad (2-11)$$

式中　W_i——第 i 次停电的用户缺供电量，kWh；

　　　S_c——总用户容量，kVA。

12. 平均系统等效停电频率

在统计期间内，因供电系统对用户停电的影响折成（等效）全系统

（全部用户）停电的等效次数，记作 ASIFI（次），计算公式如式（2-12）所示。

$$\mathrm{ASIFI} = \frac{\sum S_i}{S_c} = \frac{\text{所有停电用户的容量之和}}{\text{总用户容量}} \qquad (2\text{-}12)$$

式中　S_i——第 i 次停电的用户停电容量，kVA；

　　　S_c——总用户容量，kVA。

平均系统等效停电时间和平均系统等效停电频率这两个指标分别从缺供电量和停电容量的角度描述了在统计期内，因系统对用户停电的影响折算（等效）成全系统（全部用户）停电的等效影响。

13. 平均停电用户数

在统计期间内，平均每次停电的用户数，记作 MIC（户/次），计算公式如式（2-13）所示。

$$\mathrm{MIC} = \frac{\sum C_i}{N} = \frac{\text{所有停电的用户数之和}}{\text{总停电次数}} \qquad (2\text{-}13)$$

式中　C_i——第 i 次停电的用户数，户；

　　　N——总停电次数，次。

14. 日平均停电用户数

在统计期间内，平均每天的停电用户数，记作 MDIC（户/日），计算公式如式（2-14）所示。

$$\mathrm{MDIC} = \frac{\sum C_d}{T_{\mathrm{P}d}} = \frac{\text{统计期间停电用户数之和}}{\text{统计期间天数}} \qquad (2\text{-}14)$$

式中　C_d——第 d 日停电的用户数，户；

　　　$T_{\mathrm{P}d}$——统计期间天数，日。

15. 平均停电持续时间

在统计期间内，平均每次停电的小时数，记作 MID（h/次），计算公式如式（2-15）所示。

$$\mathrm{MID} = \frac{\sum T_i}{N} = \frac{\text{所有停电事件持续时间之和}}{\text{总停电次数}} \qquad (2\text{-}15)$$

式中　T_i——第 i 次停电的停电持续时间，h；

　　　N——总停电次数，次。

16. 重大事件日界限值

判定重大事件日界限值应以地市级（含直辖市）或区县级供电企业为单位进行计算，每年更新一次。重大事件日界限值的确定方法：

（a）选取最近三年每天的系统平均故障停电时间（SAIDI-FI）值。

（b）剔除 SAIDI-FI 值为零的日期，组成数据集合。

（c）计算数据集合中每个 SAIDI-FI 值的自然对数 ln（SAIDI-FI）。

（d）计算 α：SAIDI-FI 自然对数的算术平均值。

（e）计算 β：SAIDI-FI 自然对数的标准差。

（f）重大事件日界限值，记作 T_{MED}（h/户），应按式（2-16）计算：

$$T_{\mathrm{MED}} = \exp(\alpha + 2.5\beta) \tag{2-16}$$

注：跨日的停电计入停电开始的当天。

（二）指标计算方法

1. 停电缺供电量

停电缺供电量应按式（2-17）计算：

$$W = KS_1T = 载容比系数 \cdot 停电容量 \cdot 停电持续时间 \tag{2-17}$$

式中　K——载容比系数，该值应根据上一年度的具体情况于每年 1
　　　　　月修正一次；

　　　S_1——停电容量，即被停止供电的用户容量总和，kVA；

　　　T——停电持续时间，或有序用电等效持续时间，h。

2. 载容比系数

载容比系数应按式（2-18）计算：

$$K = \frac{P}{S} = \frac{年平均负荷}{用户容量} \tag{2-18}$$

式（2-18）中年平均负荷应按式（2-19）计算：

$$P = \frac{W_S}{8760} = \frac{上年度售电量}{8760} \qquad (2\text{-}19)$$

式中　S——供电系统（或某条线路、某用户）上年度的用户容量总

和，kVA；

　　W_S——上年度售电量，kWh。

注1：闰年为8784h。

注2：P 及 S 是指同一电压等级的供电系统年平均负荷及其用户容量。

3. 有序用电等效持续时间

因有序用电导致用户停电的停电持续时间，应根据有序用电后用户的实际供电容量进行等效，应按式（2-20）计算：

$$T_i = T_{OU,i} \times \left(1 - \frac{S_{OU,i}}{S_{c,i}}\right)$$

$$= 某次有序用电持续时间 \times \left(1 - \frac{某次有序用电时用户实际供电容量}{某次有序用电的用户容量}\right)$$

$$(2\text{-}20)$$

式中：$T_{OU,i}$——第 i 次有序用电持续时间，自开始对用户有序用电之

时起至恢复正常供电时为止的时刻之差，h；

　　$S_{OU,i}$——第 i 次有序用电时用户实际供电容量，kVA；

　　$S_{c,i}$——第 i 次有序用电的用户容量，kVA。

4. 总用户数（等效总用户数）

在计算评价指标时，总用户数应根据用户在统计期间的使用时间进行等效，应按式（2-21）计算：

$$C = \frac{\sum T_{PA,i}}{T_P} = \frac{所有用户在统计期间的使用时间之和}{统计期间时间} \qquad (2\text{-}21)$$

式中　$T_{PA,i}$——第 i 个用户在统计期间的使用时间，h；

　　T_P——统计期间时间，h。

5. 总用户容量

在计算评价指标时，总用户容量应根据用户在统计期间的使用时间进行等效，应按式（2-22）计算：

$$S_c = \frac{\sum S_{c,i} \times T_{PA,i}}{T_P}$$

式中　$S_{c,i}$——第 i 个用户的用户容量，kVA；

　　　$T_{PA,i}$——第 i 个用户在统计期间的使用时间，h；

　　　T_P——统计期间时间，h。

第二节　供电可靠性指标综合计算示例

供电靠性指标计算是可靠性管理人员应当具备的基本技能，是停电管控的基本工具，也是可靠性管理工作的目标。供电可靠性管理要求先算后停、边算边停，指标的预测和分解制定以及总结分析、停电计划编制审核等工作都需要管理人员掌握相关指标的计算，了解停电事件对可靠性指标的影响。

一、主要指标计算

［示例1］　某供电公司总用户 100 户，其 11 月份各类停电信息情况见表 2-1。

表 2-1　　　　　　　　11 月份各类停电信息汇总表

停电事件	停电类型	停电时长（h）	停电户数（户）	停电时户数
停电事件 1	预安排	9	50	450
停电事件 2	故障	5	40	200
停电事件 3	故障	4	30	120
停电事件 4	故障	3	20	60

试计算 11 月份供电可靠性评价常用指标 SAIDI、ASAI、SAIFI、CTAIDI（结果均保留两位小数）。则供电可靠性指标计算结果：

1. 用户平均停电时间

$$SAIDI = \frac{\sum T_{c,i}}{C} = \frac{所有停电用户持续时间之和}{等效总用户数}$$

$$用户平均停电时间 = \frac{450+200+120+60}{100} = 8.30(h/户)$$

2. 用户平均供电可靠率

$$ASAI = \left(1 - \frac{SAIDI}{T_p}\right) \times 100\% = \left(1 - \frac{用户平均停电时间}{统计期间时间}\right) \times 100\%$$

$$用户平均供电可靠率 = \left(1 - \frac{8.3}{30 \times 24}\right) \times 100\% = 98.8472\%$$

3. 用户平均停电频率

$$SAIFI = \frac{\sum N_{c,i}}{C} = \frac{所有用户的停电次数之和}{等效总用户数}$$

$$用户平均停电频率 = \frac{50+40+30+20}{100} = 1.40(次/户)$$

4. 停电用户平均停电持续时间

$$CTAIDI = \frac{\sum T_{c,i}}{\sum N_{c,i}} = \frac{所有用户的停电持续时间之和}{累计停电户次数}$$

$$停电用户平均停电持续时间 = \frac{450+200+120+60}{50+40+30+20} = 5.93(h)$$

二、实际运用案例

[示例 2] 某供电公司年度供电可靠率目标为 99.9%，也就是平均停电时间为 8.76h。供电公司共下属 A、B、C 三个分公司，三个供电分公司管辖的等效用户数分别是 400、800、1200 户。停电时户数除预留 3000h·户外，其余 3 个供电分公司均按供电可靠率 99.9% 分配，（1）求这三个供电分公司的允许停电时户数。（2）A、B、C 三个分公司全年实际完成平均停电时间分别为 7、8、9h/户，则供电公司平均停电时间为多少，供电可靠率为多少。

（1）供电公司允许的总的停电时户数：

（400+800+1200）×365×24×（1–99.9%）=21024（h·户）

注：如闰月 2 月为 29 天时，全年总时间=366×24=8784h。

三个分公司可供分配的时户数=21024–3000=18024（h·户）

三个分公司允许的用户平均停电时间=允许停电时户数/总用户数=18024/（400+800+1200）=7.51（h）

则：A 供电分公司分配的允许停电时户数 400×7.51=3004（h·户）

B 供电分公司分配的允许停电时户数 800×7.51=6008（h·户）

C 供电分公司分配的允许停电时户数 1200×7.51=9012（h·户）

（2）供电公司：

停电时户数=7×400+8×800+9×1200=20000（h·户）

$$用户平均停电时间 = \frac{20000}{400+800+1200} = 8.33 （h/户）$$

用户平均供电可靠率=［1–（8.33/365×24）］×100%=99.9049%

以上就是停电事件和供电可靠性指标的相互计算。停电时户数是衡量大部分供电可靠性指标的基础数据。由于总用户数是客观存在的，所以全年变化不大，通过时户数的增减就可以对指标进行大致评估，减少每次停电时间和停电用户数也是提高供电可靠率的主要途径之一。

三、综合指标计算

［示例 3］某供电公司共管理 5 条 10kV 线路东变 911、912、913、914、915 线，其中东变 915 线未发生停电。此供电公司共有 50 个中压用户，其中东变 911、913 线均有 13 个用户，东变 912、914、915 线均有 8 个用户，所有中压用户容量均为 500kVA，对应 2022 年载容比为 0.3，2023 年全部停电事件见表 2-2。具体评价指标计算如下：

表 2-2   2023 年停电事件

线路	起始时间	终止时间	停电户数	持续时间	时户数	停电容量（kVA）
东变 911	2023/1/3 7:30	2023/1/3 17:30	13	10	130	6500
东变 912	2023/3/1 7:30	2023/1/3 17:30	8	10	80	4000

续表

线路	起始时间	终止时间	停电户数	持续时间	时户数	停电容量（kVA）
东变 914	2023/3/13 10:20	2023/3/13 22:20	8	12	96	4000
东变 911	2023/4/5 23:30	2023/4/6 00:30	13	1	13	6500
东变 911	2023/5/6 22:00	2023/5/7 0:00	13	2	26	6500
东变 912	2023/5/6 22:00	2023/5/7 0:00	8	2	16	4000
东变 913	2023/5/6 22:00	2023/5/7 0:00	8	2	16	4000
东变 914	2023/6/6 9:30	2023/6/6 11:00	8	1.5	12	4000
东变 912	2023/6/6 9:30	2023/6/6 11:00	8	1.5	12	4000
东变 911	2023/9/3 17:30	2023/9/3 18:30	13	1	13	6500

注 1. 每个用户的停电次数之和在数值上等于每次停电的用户数之和，为便于展示，计算过程中涉及用户的停电次数之和均以每次停电的用户数之和代替。

2. 每个用户累计停电持续时间之和在数值上等于每次停电的时户数之和，为便于展示，本示例计算过程中涉及每个用户累计停电持续时间之和均以每次停电的时户数之和代替，本案例无分步送电。

1. 用户平均停电时间

$$\text{SAIDI} = \frac{\sum T_{c,i}}{C} = \frac{\text{所有停电用户持续时间之和}}{\text{等效总用户数}}$$

$$\text{用户平均停电时间} = \frac{130 + 80 + 96 + 13 + 26 + 16 + 16 + 12 + 12 + 13}{50}$$

$$= 8.28(\text{h}/\text{户})$$

2. 用户平均供电可靠率

$$\text{ASAI} = \left(1 - \frac{\text{SAIDI}}{T_p}\right) \times 100\% = \left(1 - \frac{\text{用户平均停电时间}}{\text{统计期间时间}}\right) \times 100\%$$

$$\text{用户平均供电可靠率} = \left(1 - \frac{8.28}{8760}\right) \times 100\% = 99.9055\%$$

3. 用户平均停电频率

$$\text{SAIFI} = \frac{\sum N_{c,i}}{C} = \frac{\text{所有用户的停电次数之和}}{\text{等效总用户数}}$$

$$用户平均停电频率 = \frac{13+8+8+13+13+8+8+8+8+13}{50} = 2（次 / 户）$$

4. 停电用户平均停电时间

$$CAIDI = \frac{\sum T_{c,i}}{\sum N_{c,i}} = \frac{所有停电用户累计停电持续时间之和}{总停电用户数}$$

$$停电用户平均停电时间 = \frac{10+10+12+1+2+2+2+1.5+1.5+1}{42}$$
$$= 1.02（h / 户）$$

5. 停电用户平均停电持续时间

$$CTAIDI = \frac{\sum T_{c,i}}{\sum N_{c,i}} = \frac{所有停电用户停电持续时间之和}{累计停电户次数}$$

$$停电用户平均停电持续时间 = \frac{10+10+12+1+2+2+2+1.5+1.5+1}{13+8+8+13+13+8+8+8+8+13}$$
$$= 0.43（h / 次）$$

6. 停电用户平均停电频率

$$CAIFI = \frac{\sum N_{c,i}}{C} = \frac{所有停电用户的停电次数之和}{总停电用户数}$$

$$停电用户平均停电频率 = \frac{13+8+8+13+13+8+8+8+8+13}{42}$$
$$= 2.38（次 / 户）$$

7. 重复停电用户比率（以 $N_c \geq 4$ 为例）

$$CEMSMI_n = \frac{CN_{(N_c \geq n)}}{C} \times 100\%$$

$$= \frac{停电次数大于等于n次的用户数之和}{等效总用户数} \times 100\%$$

$$重复停电用户比率 = \frac{13}{50} \times 100\% = 26\%$$

8. 长时间停电用户比率（以 $T_c \geq 12$ 为例）

$$CELID_{-t} = \frac{CN_{(T_c \geq n)}}{C} \times 100\%$$

$$= \frac{累计停电持续时间大于等于n小时的用户数之和}{等效总用户数} \times 100\%$$

$$长时间停电用户比率 = \frac{8}{50} \times 100\% = 16\%$$

9. 单次长时间停电用户比率（以 $t_c \geqslant 10$ 为例）

$$\text{CELID}_{-s} = \frac{CN_{(t_c \geqslant n)}}{C} \times 100\%$$

$$= \frac{单次停电持续时间大于等于n小时的用户数之和}{等效总用户数} \times 100\%$$

$$单次长时间停电用户比率 = \frac{13+8+8}{50} \times 100\% = 58\%$$

10. 用户平均缺供电量

$$\text{AENS} = \frac{\sum W_i}{C} = \frac{所有停电的用户缺供电量之和}{等效总用户数}$$

用户平均缺供电量

$$= \left[\frac{(10+1+2+1) \times 6500 + (10+12+2+2+1.5+1.5) \times 4000}{50} \right] \times 0.3$$

$$= 1242(\text{kWh} / 户)$$

11. 平均系统等效停电时间和频率

$$\text{ASIFI} = \frac{\sum W_i}{S_c} = \frac{所有停电的用户缺供电量之和}{总用户容量}$$

平均系统等效停电时间电时间

$$= \left[\frac{(10+1+2+1) \times 6500 + (10+12+2+2+1.5+1.5) \times 4000}{25000} \right] \times 0.3$$

$$= 2.484(\text{h})$$

平均系统等效停电频率：

$$\text{ASIFI} = \frac{\sum S_i}{S_c} = \frac{第i次停电的用户停电容量}{总用户容量}$$

$$平均系统等效停电频率 = \frac{4 \times 6500 + 6 \times 4000}{25000} = 2(\text{次}/\text{户})$$

12. 平均停电用户数

$$MIC = \frac{\sum C_i}{N} = \frac{\text{所有停电的用户数之和}}{\text{总停电次数}}$$

$$平均停电时户数 = \frac{13 + 8 + 8 + 13 + 13 + 8 + 8 + 8 + 8 + 13}{10} = 10(\text{户}/\text{次})$$

13. 平均停电持续时间

$$MID = \frac{\sum T_i}{N} = \frac{\text{所有用户停电持续时间之和}}{\text{总停电次数}}$$

$$平均停电持续时间 = \frac{10 + 10 + 12 + 1 + 2 + 2 + 2 + 1.5 + 1.5 + 1}{10} = 4.3(\text{h}/\text{次})$$

第三章

供电可靠性目标管理

电力可靠性目标管理指的是企业在明确规定的期限内根据企业实际情况科学、客观地制定电力可靠性目标，通过目标分解、督促检查和评估考核等措施，自上而下地保证电力可靠性目标实现的一种管理方法。作为电力可靠性管理的重要部分，供电可靠性同样实行目标管理。本章主要介绍供电可靠性目标管理的流程和作用、供电可靠性目标的制定、供电可靠性目标分解和停电时户数管控等内容。

第一节　供电可靠性目标管理简介

一、供电可靠性目标管理的流程

作为电力可靠性目标管理的一部分，供电可靠性目标管理包括目标设置、过程管理、测定与评价成果三个阶段。

（一）目标的设置

目标的设置是目标管理最重要的阶段，目标最终能否达成与目标设置是否科学有很大关系。供电可靠性目标是建立在年度用户供电可靠性指标预测的基础上，考虑一些不可预测的因素，结合本企业实际情况制定的目标值。

（二）过程管理

完成供电可靠性既定的目标是供电可靠性管理的重要任务。在供电可靠性目标管理过程中，应建立目标管理体系，层层相扣，落实责任，否则某一环节失误，将影响整体可靠性目标完成。因此，供电可靠性目标管理不能只重视结果，还应重视过程管理。

（1）要根据总体目标，分解下达各时间阶段、各下级单位的分目标，当各时间阶段各下级分目标完成时，企业总体目标才能得以完成。供电可靠性目标分解主要依据上级单位下发的年度目标值，按照月度或每周分解至所辖下级单位。

（2）根据分解目标制定相关督导检查计划和考核管理办法，检查督导各下级单位按时完成，并按完成情况对相关单位提出考核意见。供电可靠性分解指标应严格执行，将完成目标纳入绩效考核体系，定期督促检查，形成闭环管理。

（3）要协调解决下级单位在执行过程中遇到的困难，但分解目标确实无法完成时，对分解目标或总体目标进行必要的调整。

（4）要实现既定的供电可靠性目标，应从电力生产过程中的规划设计、物资采购、基建施工、生产过程等环节进行有效管理，由于电力生产过程的环节较多，需要逐一进行把关。

（三）测定与评价成果

达到预定的期限后，首先下级进行自我评估，提交书面报告；然后上下级分别考核目标完成情况，决定奖惩；最后上下级同时对管理过程进行总结，查找优势与不足，分析原因找出差距与努力方向，讨论下一阶段目标，开始新的循环。

二、供电可靠性目标管理的作用

（一）落实企业发展目标，保证可靠性目标实现

成功的企业发展都应该有中长期发展目标、发展规划和未来企业发展蓝图的描述。实现这些目标，通常应分阶段进行，即阶段性目标，通常以年度目标作为阶段性目标的基本单位。年度目标实现是企业顺利实现中长期目标和发展规划的基本条件。通过供电可靠性目标管理，可以有效提升企业供电可靠性指标，减少停电用户、停电次数、停电时间，提升供电优质服务水平，从而达到企业经济效益和社会效益最大化的目标。

（二）节约生产成本，提高工作效率

供电可靠性总目标的完成与电力生产的相互协作配合有着密切的关系。电力可靠性目标的确定，能促进企业内部各环节统一协调，减少企业内部人力、财力等无效的生产成本消耗。另外，供电可靠性目标管理过程中的一系列监督和激励措施能激发工作人员的积极性，提高人员的工作效率。

（三）厘清管理层次，增强部门执行力

在供电可靠性管理过程中，要求所属有关单位和部门制订分目标，并明确主要负责人。在完成分目标的过程中，相关环节须加强沟通，各司其职、各尽其能，强化各部门的执行力，从而确保本单位总体目标的完成。

（四）保证工作质量，提高安全生产管理水平

在供电可靠性目标管理过程中，按规划设计、物资采购、基建施工和生产运行等环节分解，能有效保证各部门承担的工作的完成质量。另外，要加强各部门生产运行过程监督与控制，促进企业安全生产管理水平的进一步提高。

第二节　供电可靠性目标的制定

一、目标制订的依据

按照电力可靠性目标管理逐级制订、层层分解的原则，在制定供电可靠性目标时需要重点考虑以下因素。

（一）电网结构

地区政治经济地位和电网投资等差异，造成电力企业电网结构不同。电网结构不同，则电网运行方式灵活性差异较大。例如，当电力系统中一台设备进行检修或发生故障时，所处电网结构强弱不同则可能会造成不同的结果，由此对供电可靠性指标也将产生不同的影响。因此，在某种意义上，一个企业的电网结构决定的该企业的可靠性

水平。

（二）设备的质量与寿命

设备的质量高低，运行年限是决定可靠性水平的重要因素。因此，在制定可靠性目标时必须考虑本单位电力设施的技术性能、制造安装质量等因素。制定可靠性目标时应当高度重视设备的质量和寿命，这样制定出来的可靠性目标才具备客观性。

（三）综合管理水平

综合停电计划的科学合理安排是目标确定过程中的重要因素，优良的设备与完善的网架是提高电力可靠性的坚实基础，电网规划设计、物资采购、基建施工、生产运行等环节的工作质量提高与管理水平提升，可进一步促进可靠性水平的提升。因此，提高计划停电安排的合理性，提高设备运行和操作维护水平、检修质量与试验水平、带电作业水平和故障停电处置能力等，可有效减少电力设施停电时间，提高供电可靠性。

（四）环境影响

环境影响主要指电力企业受所处地理环境的影响，如高山丘陵地区、易发生泥石流和雷电天气地区，其供电可靠性水平就会受到很大程度的限制。

（五）负荷情况

电网负荷分布不均、负载率高，都会造成系统中部分设备满负荷运行或过负荷运行。这种负荷运行情况不但影响该部分设备持续安全稳定运行，而且会降低该部分设备可靠性水平。因此，制订可靠性目标时，在考虑电网目前的负荷状况的同时，应关注负荷增长速度情况。

（六）历史指标水平

可靠性历史指标水平真实体现了该单位供电可靠性综合管理水平。因此，在制订下年度可靠性目标时，要参考当年度和往年可靠性指标完成情况、变化趋势与变化幅度。

（七）上级单位分解目标

上级单位分解至本企业的目标指标值，原则上要求按期限完成。因此，制订本企业供电可靠性目标值时，必须以上级单位分解指标为基础。

（八）可靠性预测

电网的可靠性水平与当前的网络结构、设备运行状态、设备可靠性性能密切相关。因此，可基于电力系统可靠性理论，考虑网络结构、设备运行状态、设备可靠性的预计影响，结合未来电网改造方案和运行方式等，对各级配电网可靠性指标进行科学预测。

二、目标制订的步骤

在综合考虑影响目标确定的因素后，电力企业在制订供电可靠性目标时，可按照以下三个步骤进行。

（一）确定合理的可靠性总目标

上级单位在开展目标管理时，应在总体发展目标指导下，结合电网及各类设备运行实际情况，确定中长期可靠性指标规划目标和年度、月度目标。

上级单位在确定总目标前，要充分考虑下级单位实际目标承受能力，为了使下级单位的目标合理可承受，可采用自下而上逐级征求各级单位目标值的方式。

（二）制订可靠性分目标

下一级单位在制定本单位的分目标时，要依据上级单位制订的可靠性总目标，结合当年生产安排情况、主要工程任务情况、设备基本情况、历史水平以及作业手段与条件等，科学合理地制定本单位可靠性目标。在制定分目标时要综合统筹安排，为了确保可靠性总目标的完成，可将总目标按照上下级单位或部门由上而下逐级制定分目标，也可按照时间顺序制定月度或每周的分目标。

（三）落实可靠性目标

各级单位确定了总目标和分目标后，下一步重点工作就是落实可靠性目标。在目标管理过程中，要采取有效的措施，确保可靠性目标的完成。下面列举一些措施，供实际工作时参考。

（1）可靠性目标确定前期，开展可靠性指标测算时要依据整合后的停运需求确定具体时间和范围，计算可靠性指标，判断测算指标是否超出许可区间范围的限值，如果超出限值，应对停电方案进行优化，对项目进一步合并、调减；对于因作业手段、作业人员和作业工器具受限而对指标影响较大的情况，可考虑在本公司范围内合理调配，以降低对指标的影响；在超出限值又无法优化方案时，可视超出情况，将下一阶段（季度或月度内）的指标限值区间向下调整来进行补偿，以保持总体指标不超过可控范围。

（2）对于可能影响目标完成的供电设施停电计划，生产单位在上报月度计划时，要审查重大停电事件施工及停电方案。对于重大停电事件，应同步上报施工及停电方案。调控与运维部门应对方案进行审核，必要时组织论证。调度单位要对停电计划进行整合和统筹平衡，整合停运需求时应做到主网与配电网停运同步，输电与变电停运同步。运维单位应根据月度停电计划，在规定期限前提交停电申请。重大作业必须组织相关班组提前完成与工作相关的前期准备后，才能提交申请。班组要实施停运标准时限管理，对设备停运的各个环节，按时限管理标准严格控制时间。

（3）对于可能影响目标完成的供电设施临时停电，以及超出计划的临时停运，调控部门应按照相关规定区分类型，履行审批手续。生产运行单位要根据事件统计，对本月计划未执行、超限和重复停运事件进行分析，查找设备、管理等方面存在的问题与不足，重点针对指标预测偏差产生的原因、计划未执行情况、超限停运事件和重复停运事件进行分析，并在月度停电平衡会中通报存在的问题，拟订改进对策。

三、供电可靠性指标预测

供电可靠性指标预测主要涉及基础数据预测、预安排停电指标预测和故障停电指标预测。

（一）基础数据预测

基础数据预测主要涉及线路的变化和用户的变化，其中最主要的是用户数量的变化情况，用户数量的变化涉及等效用户数。基础数据的预测主要从以下三个方面入手：

（1）掌握配电网改造的进度计划，考虑市政工程和外部工程施工的影响，了解新建改造配电线路和公用变压器台区的施工情况，同时结合年度及月度停电计划的安排，预测每月配电线路长度和公用用户数量的变化。

（2）深入了解供电业务扩展（业扩）报装工程的进度，预测由于业扩工程引起的配电线路长度变化和专用变压器用户数量和容量的变化情况。因部分业扩工程计划不可预知，在开展专用变压器用户数变化年度预测时还应结合前三年专用变压器用户数变化率对预测值进行修正。

（3）在进行等效用户数预测时，可使用下面这种较为简便的方法，计算公式为等效用户数≈（期初用户数+期末预计用户数）/2。

注意：在预测月度指标时，期初用户数用的是上月末的实际用户数；在预测累计指标时，期初用户数用的是上年末的实际用户数。期末预计用户数是上月末的实际用户数和本月预计新增用户数之和。

（二）预安排停电指标预测

预安排停电指标预测主要是指对停电范围和停电时间的预测。停电范围主要依据停电计划安排的停电范围而定，同时考虑配电网工作的特殊性及 35kV 及以上输变电系统的影响。停电时间的确定主要依据停电计划安排的停送电时间而定，但由于计划管理水平有差异，经常需要针对具体工作进一步测算更为精确的停电时间。要求可靠性管理人员必须熟悉设备检修、工程改造等方面内容，并参与停电计划的讨论、平衡与审批。

（1）年度预安排停电指标预测主要依据年度生产工作计划安排

情况，尤其是对重点工程计划安排、检修工作安排的总体分析，并与前三年各月预安排停电工作（包括临时停电计划）情况的平均增长情况做对比，然后再进行指标预测。

（2）月度预安排停电指标预测主要依据月度停电计划开展。

（三）故障停电指标预测

故障停电指标预测主要是剔除重大事件日影响后，依据前三年各月故障停电分布平均情况进行指标预测。

案例：某供电公司 2023 年度预安排停电时户数、故障停电时户数等可靠性确定方法。

（1）预测年度预安排停电时户数。收集年度检修、技改、基建、用户及市政工程等项目，根据停电范围和合理工作时间，列出 2023 年停电计划表（见表 3-1）。

表 3-1　　　　　　　某供电公司 2023 年停电计划表

序号	日期	单位名称	停电事件	停电小时（h）	停电用户数（户）	停电性质	停电时户数（h·户）
1	1月××日	××公司	××线路	4	30	计划施工	120
2	2月××日	××公司	××线路	5	20	计划施工	100
3	3月××日	××公司	××线路	6	15	计划检修	90
合计							310

（2）预测年度故障停电时户数。收集前三年故障停电情况，列出 2023 年故障停电时户数预测表（见表 3-2）。

表 3-2　　　　某供电公司 2023 年故障停电时户数预测表　　　　h·户

项目	1月				2月				合计
	2020年	2021年	2022年	2023年（预测）	2020年	2021年	2022年	2023年（预测）	2023年（预测）
1．10kV 配电网设施故障	326	335	276	241	225	314	241	314	314
1.1　设计施工	12	11	9	11	9	12	11	12	12

续表

项目	1月				2月				合计
	2020年	2021年	2022年	2023年（预测）	2020年	2021年	2022年	2023年（预测）	2023年（预测）
1.2　设备原因	102	91	81	91	78	102	91	102	102
1.3　运行维护	12	11	9	11	9	12	11	12	12
1.4　外力因素	109	98	87	98	84	109	98	109	109
1.5　自然因素	21	88	9	18	20	21	18	21	21
1.6　用户因素	58	25	81	12	25	58	12	58	58
2.　输变电设备	0	0	0	0	0	0	0	0	0
3.　低压设施故障	12	11	9	11	9	9	9	7	7
4.　发电设施故障									
合计	652	670	561	493	459	637	491	635	635

（3）预测年度中压基础数据。收集前三年中压基础数据信息，根据工程投产计划和设备改造工作安排，预测年度每月设备基础数据变化情况。某供电公司 2023 年工程投产/设备改造计划表见表 3-3，2020—2022 年中压基础数据及 2023 年预测表见表 3-4。

表 3-3　　某供电公司 2023 年工程投产/设备改造计划表

序号	单位名称	日期	工程投产/设备改造	涉及中压用户数量变化（户）	配电线路数量变化
1	××公司	1月××日	××工程	2	1
2	××公司	2月××日	××检修	0	0
			······		
合计				50	10

表 3-4　　　某供电公司 2020—2023 年中压基础数据及
2023 年预测表

月份	中压用户数（户）				配电线路数量			
	2020 年	2021 年	2022 年	2023 年（预测）	2020 年	2021 年	2022 年	2023 年（预测）
1	2669	2783	2830	2921	137	143	149	159
2	2678	2791	2838	2923	137	143	149	159
3	2688	2799	2846	2935	138	143	150	159
4	2707	2807	2855	2951	139	145	150	159
5	2717	2815	2863	2982	139	145	150	159
6	2727	2815	2871	300	139	145	153	160
7	2736	2832	2880	3012	140	145	157	160
8	2746	2840	2888	3029	140	145	157	160
9	2756	2848	2896	3029	141	148	157	171
10	2766	2856	2905	3038	141	148	157	171
11	2775	2856	2913	3052	143	148	158	171
12	2776	2873	2922	3079	143	149	157	172

（4）由该供电公司年度预安排停电时户数预测值、故障停电时户数预测值和中压基础数据预测值，考虑自然灾害等不可预测因素，结合历史数据得出全年预留不可预测停电 1100h·户，全年等效用户数为 3000 户，可以得出：

预测全年停电时户数=预安排停电时户数+故障停电时户数

+不可预留停电时户数

=6000+3412+1100

=10521（h·户）

预测全年等效用户数=3000（h·户）

预测全年用户平均停电时间=10521/3000=3.504（h/户）

预测全年供电可靠率=（1−3.504/8760）×100%=99.96%

第三节 供电可靠性目标分解和
停电时户数管控

一、目标分解思路

供电可靠性目标的分解思路与目标的确定原则相似，也是采用的层层分解、逐级落实的方法，电力企业在对目标进行分解时要科学合理。在目标分解过程中，一般按照管理层级将上级单位的总体目标逐级分解到下一级单位，地市级电力公司要将指标分解到其县公司和运检单位，最终分解到班组（供电所）层级，同时各级单位还要对年度目标值进行季度和月度分解。在对供电可靠性目标值进行分解时，要重点考虑影响供电可靠率、系统平均停电时间及系统平均停电频率等关键指标的因素。

二、目标分解方法

在实际可靠性目标管理中，一般采用倒推法对供电可靠性的目标值进行分解。实际上，电力企业在进行可靠性目标制订和分解时，各单位的目标分解方法各有各的特色，本书描述了倒推法供读者参考。

所谓倒推法，即根据合理的发展规划，确定合理的可靠性目标指标数据，依据供电可靠性评价指标的计算公式，并根据等效用户数等参数，倒推计算出允许的停电时户数限值；再根据停电工作的一般规律设定每月工作权重，把目标指标层层分解到责任单位或部门，按时序分解到季度和月度。

一般情况下，采用倒推法分解的前提是已确定了平均供电可靠率、系统平均停电时间和等效用户数等参数。为了能直观地掌握可靠性目标值，一般将这些指标转化为停电时户数来控制。倒推法分解目标的步骤如下：

（1）第一步：根据平均供电可靠率指标目标值，结合实际用户数和统计周期，使用倒推法，计算出允许的年度停电时户数。

（2）第二步：根据本单位允许的年度停电时户数进行分解。

1）月度分解。即根据年度停电检修计划和故障预测，将指标值分解到具体月份。

2）管理单位分解。即根据各管理单位线路与设备数量、用户数量、技术装备水平以及可靠性管理水平差异等，将单位指标值分解到各管理单位。根据各单位具体管理模式，也可按供电所、变电站和配电线路等不同划分原则对供电可靠性指标值进行分解，分解方法同上。

通过分解，使供电可靠性指标具体化、明晰化，使得供电可靠性管理工作得到科学发展。基层供电单位在控制本单位供电可靠性指标值时，应坚持"先算后报、先算后停"的原则，具体分析预安排停电及故障停电消耗的停电时户数及用户停电频率，在允许的范围内合理安排工作，确保分解目标的实现。

（3）第三步：各单位在接到具体分解指标任务后，可按月、周、日等不同维度制订指标完成量，真正做到指标预控管理，确保年度总目标的完成。

三、停电时户数管控

供电可靠性管控基于停电时户数开展，供电企业结合年度施工检修项目计划安排、电网转供能力、不停电作业能力、自动化及运维管控水平提升情况，确定年度停电时户数较上年降低比例，明确年度停电时户数预控目标，将预控目标层层分解、逐级落实。

强化预算源头管控，在施工检修计划编制阶段，根据预控目标和停电时户数消耗情况，按照"先算后报、先算后停"的原则，统筹确定季度、月度停电计划安排，明确停电时户数消耗限值。

严格时户数预算执行过程刚性管控，建立动态跟踪、定期分析、超标预警和分解审批等工作机制，按日统计通报停电时户数消耗与余额情况，强化停电计划执行情况预警和督办，确保预控目标实现。

下文以某地市供电公司为例介绍停电时户数预算式管控。

[案例]　2023 年，某地市供电公司在科学合理确定年度停电时户数预控目标的基础上，按季度、月度进行统筹分解，通过日报、周报和月报，建立常态化停电时户数预算管理模式，做到问题早发现、早整改、早闭环，有效做到预算执行的全过程管控。

1．合理确定年度停电时户数预控目标

（1）专业协同确定年度总停电时户数。

1）根据 2023 年配电网工程及已知大型市政工程、业扩工程情况排定配电网年度计划，并做好停电时户数预估。

2）协同主网年度计划，在 2022 年 12 月由主网工程主管单位 5个工作日编制完成施工方案，提交调度在 3 个工作日内完成运行方式安排，并下发各单位做好配电网负荷转移及陪停方案编制，预估主网全年陪停时户数。

3）根据 2022 年配电网故障及高故障线路、频繁雷击线路整改情况及配电网运维管理提升要求，各单位按照比 2022 年全年故障停电时户数降低 30%的目标做好故障时户数预控。

4）根据各单位停电时户数汇总情况，于 2022 年底 3 次召开可靠性提升会议，严审大时户数主、配电网停电计划方案。

5）根据各区县单位电网实际情况及改造工程量平衡各单位年度停电时户数，按照城市范围最低减少 20%、农村范围最低减少 30%的要求，通过计划停电加故障停电前后 3 次估算及平衡，最终统一思想、完成差异平衡，确定了全市停电时户数比 2018 年降低 30%、总停电时户数降低约 42 万 h·户的目标。各区县 2023 年度停电时户数目标值见表 3-5。

表 3-5　　　　　　　各区县 2023 年度停电时户数目标值

单位	总用户数	2022 年停电时户数（h·户）	2022 年供电可靠率（%）	2023 年供电可靠率目标（%）	2023 年停电时户数（h·户）	提升率
A 县	8914	42738.83	99.9483	99.9616	30000	29.81
B 县	4744	14226.14	99.9658	99.9709	12100	14.95

单位	总用户数	2022 年停电时户数（h·户）	2022 年供电可靠率（%）	2023 年供电可靠率目标（%）	2023 年停电时户数（h·户）	提升率
C 县	5530	20621.26	99.9574	99.9649	17000	17.56
D 县	8016	28818.08	99.9591	99.9672	23000	20.19
E 县	2385	12066.76	99.9422	99.9592	8500	29.56
F 县	19712	114976.19	99.9334	99.9538	79565	30.8
G 县	19592	154231.7	99.9101	99.9417	100000	35.16
H 县	12700	53608.72	99.9518	99.9642	40030	25.33
I 县	6846	48911.26	99.99184	99.9367	37968	22.37
J 县	7658	74019.28	99.8897	99.9299	47001	36.31
K 县	5937	39527.4	99.9243	99.9471	27501	30.43
全市	102034	603745.62	99.9315	99.9521	422665	33

（2）层层分解各级停电时户数。年度总停电时户数确定后，可靠性主管部门组织了停电时户数的层层分解，要求各单位由供电所、网格设备责任人根据年度主/配电网计划、施工方案、陪停方案及故障管控要求，做好月度停电时户数预测，计划停电及故障停电时户数预测以月度为单位细化至供电所和供电网格。

（3）制订管理部门的年度停电时户数。除各区县单位外，对可能产生停电的相关管理部门，根据较 2022 年停电时户数减少 20%的目标，划定 2023 年度停电时户数的使用上限（见表 3-6），并列入各部门年度绩效考核。

表 3-6 　　　　各管理部门 2023 年度停电时户数使用上限

部门	停电事由	停电时户数上限
运检部	主网技术改造大修	11000
基建部	主网项目施工	22000
营销部	专用变压器引起的越级跳闸	3500

2. 常态化停电时户数预算管理模式

（1）常态管控。提前开展施工方案优化、严控大型停电计划。对于超过 100h·户以上的停电施工方案，组织开展双月评审（即本月评审下个月临时新增计划及下下月计划），通过带电搭接、旁路作业、先建后搭、负荷转移、施工组织优化等措施降低停电时户数，严控未经评审的大型停电工作和计划停电月度总时户数。

（2）日跟踪。强化计划刚性执行力度及跟踪每日预算使用情况。

1）对于计划停电，通过日报对每日计划时户数执行情况进行通报，预警各单位每月预算使用率。同时对经评审降低后仍超 100h·户的大停电时户数计划停电，做到事前有提醒、事后有跟踪。

2）对于非计划停电，通过日报对非计划停电时户数使用情况进行通报，及时审核并提醒各单位相关部门对非计划停电上报模块做好闭环工作。

（3）周管控。严格落实停电计划平衡要求，做好每周频繁停电线路事件分析。

1）对于计划停电，通过周报对每周计划停电时户数使用情况进行通报，同时市公司和各区县公司分层分级开展周停电计划平衡，严格拦截未经评审的超 100h·户以上计划停电工作，严格杜绝计划性频繁停电，全面开展带电作业，推进全市"能带不停"。

2）通过周报对每周非计划停电时户数使用情况进行通报，同时对周频繁停电线路进行事件分析，并提出整改措施。

（4）月分析。分析总结月度各项可靠性指标、通报每月停电时户数预算合格率。

1）对于计划停电，通过月报对每月计划停电时户数执行合格率进行通报，同时统计分析各单位当月计划停电时户数情况。

2）对于非计划停电，通过月报对每月非计划停电时户数执行合格率进行通报后，将故障类型进行汇总分类，重点监控重复性典型故障、责任性故障以及高故障线路，由可靠性主管部门对存在三类故障的单位进行约谈、督办。

（5）季度滚动修订停电时户数管控目标。

1）对于上季度停电时户数低于目标值的，低于目标值的部分按照 80%的比例调整至下季度。

2）对于上季度停电时户数高于目标值的，超出目标值的部分将从下季度扣除。

第四章

供电可靠性基础数据管理

供电可靠性基础数据是为了满足供电可靠性管理有关规定的要求以及满足实际工作中供电可靠性统计分析需要,保证供电可靠性统计数据的规范、准确,而将供电企业管辖范围内的供电设施与用户按照可靠性数据的管理要求转换成供电可靠性基础数据。

供电可靠性基础数据要随着系统的变化而及时变更,准确反映变化前后供电设施与用户的实际情况。供电可靠性基础数据的准确与否,关系到供电可靠性运行事件范围的选取,对供电可靠性统计结果的正确性产生影响。

本章主要介绍供电可靠性基础数据相关基础知识、中压线路分段及编码规则、注册用户编码规则以及基础数据录入注意事项及相关案例。

第一节 供电可靠性数据管理流程和要求

一、供电可靠性数据管理流程

供电可靠性数据自下而上逐级汇总上报。地(市)供电公司工作中基础数据的收集整理和录入工作一般是由生产运行部门负责,运行数据一般是由生产运行及调度运行部门进行收集整理和录入工作。数据录入信息系统后由主管部门负责事件定性的检查,然后由供电可靠性专责负责全部数据的审核工作。

供电可靠性专责定期对供电可靠性数据进行分析,通过供电可靠性指标波动和对比变化找出生产运行和电网现状存在的缺陷并做出供电可靠性初步分析报告。通过供电可靠性管理网络，可靠性专责将可靠性初步分析报告向各基层管理部门可靠性兼职管理人员传递，基层管理人员针对分析报告中提出的缺陷或意见结合实际进行分析，制定切实可行的整改措施，并向可靠性专责汇报。可靠性专责将各基层生产部门的具体分析归纳汇总，得出完整的供电可靠性分析报告，并确定整改措施，经过主管部门领导审核后上报分管领导审批后下发执行。

二、供电可靠性数据管理要求

供电可靠性管理以 DL/T 836—2016《供电系统供电可靠性评价规程》为评价基准，以《内蒙古电力可靠性管理办法》《内蒙古电力可靠性监督检查及考评标准》等可靠性管理规程、规范为指导方针，并依据《电力可靠性监督管理办法》等开展指标管理、数据管理、过程控制、数据分析与应用、人员培训、监督与评价等相关工作。

（一）指标管理内容及要求

对供电可靠性实行指标管理，并将指标逐级分解落实，是加强供电可靠性管理的重要方法。在公司总体发展目标指导下，结合电网及各类设备运行情况，确定中长期供电可靠性规划目标和年度、月度指标，并依次逐级分解和落实。供电可靠性指标实行刚性管理，未经上级单位批准，供电可靠性指标目标值不得随意调整。

（二）数据管理内容及要求

按照信息系统的安全规定对供电可靠性信息管理人员进行权限管理，保证数据的安全性。各级单位及人员不得擅自对外泄露可靠性数据信息。

任何单位、个人严禁以任何形式对供电可靠性数据进行不正当干预。基础数据和运行数据的录入、维护应满足内蒙古电力（集团）有限责任公司指标定期统计报送时间要求。基础数据应在相关设备投运后一周内完成主要设备参数录入；运行数据录入及时率以送电时间为基准，应在每周五录入当周运行事件，如逢月末数据应在月末前录入。

报送企业发现数据有误需要更正时，应及时以书面形式说明原因。电科院依据每周各单位数据汇总，在月初核对上月数据增加情况，上报内蒙古电力（集团）有限责任公司。需要更正供电可靠性数据时，应以书面形式提交原因说明上报上级单位审核同意后方可修改数据；内蒙古电力（集团）有限责任公司开展至少每年一次的供电可靠性监督检查及考评工作并发布检查及考评结果；各供电单位应定期开展供电可靠性数据自查并通报检查结果；对供电可靠性数据检查中发现的问题，各单位及相关业务管理部门应积极整改，并及时将整改结果反馈归口管理部门。

（三）过程管控及要求

各级管理单位应建立有效的供电可靠性指标过程管控和监督机制，对过程中可能影响供电可靠性指标的各环节进行监督，指导相关工作的开展，确保供电可靠性目标的实现。

通过建立供电可靠性指标预控工作机制，预先分析和控制可能对供电可靠性指标产生影响的工作；通过建立现场跟踪分析工作机制，及时总结现场工作情况，调整供电可靠性指标预控措施，提升供电可靠性指标预测、预控的准确性。

（四）数据分析与应用

各供电单位要加强诊断分析与应用工作，供电可靠性数据分析要为生产服务，供电可靠性分析要与各相关专业合作完成，分析结果要及时反馈给领导和有关部门。通过供电可靠性指标诊断分析、预测、评价系统定期开展年度、季度、月度供电可靠性数据诊断分析工作，对于设备存在的突出问题，负责供电可靠性管理的部门要组织有关人员进行深入分析研究，提出处理措施，并组织落实。总结评价供电可靠性指标变化情况，及时掌握电网和设施运行状况，找出影响指标的主要因素，制定改进措施并督促执行。

（五）监督与评价

建立供电可靠性日常管理考评机制，对供电可靠性数据报送的"三性"进行核查，对供电可靠性管理工作的规范性和有效性进行监督。

依据内蒙古电力（集团）有限责任公司编制的《内蒙古电力可靠性监督检查及考评标准》《两率专业精益化管理提升年活动实施方案及考评细则》，对供电可靠性管理及可靠性数据进行考评，针对考评结果纳入绩效考核并给予奖惩。

（六）培训内容及要求

电科院负责并加强供电可靠性数据录入规范工作，确保供电可靠性数据录入的准确性；开展专业交流、培训、调考等工作提高供电可靠性技术人员的业务水平；加强供电可靠性专业理论研究，提高供电可靠性技术和管理手段。

各供电单位应制定培训计划，建立培训档案，定期开展供电可靠管理人员及技术人员的培训工作。新任职人员需参加岗前培训，经上级单位考试合格后方可上岗。

第二节　供电可靠性基础数据相关知识

本节主要介绍供电可靠性专业基础如识，包括供电系统及其设施、供电可靠性统计对象及供电状态等。

一、供电系统及其设施

供电系统是由电力系统高压配电变电站出线母线侧隔离开关至用户端管界点的供电网络，是联系电源与用户、向用户输送与分配电能的重要环节。供电系统的可靠性水平是整个电力系统在电源建设、电网结构、供电能力、电能质量和运行管理等诸多方面问题的集中反映，是电力系统供电质量、电网自身现代化水平的重要体现。根据供电可靠性评价规程，供电系统按照电压等级可分为高压用户供电系统、中压用户供电系统和低压用户供电系统。

（一）高压用户供电系统及其设施

高压用户供电系统及其设施是指由各变电站（发电厂）35kV 及以

上电压出线母线侧隔离开关开始至 35kV 及以上电压用户变电站与供电企业的管界点为止范围内所构成的供电网络及其连接的中间设施。高压用户供电系统及其设施示意图如图 4-1 所示。

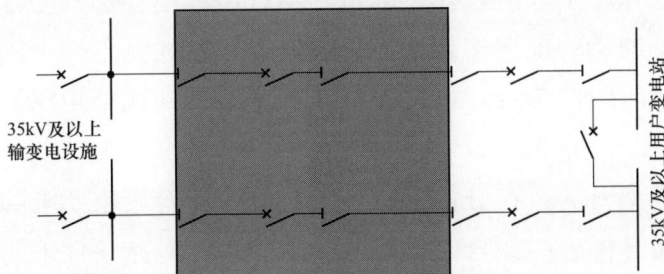

图 4-1　高压用户供电系统及其设施示意图

（二）中压用户供电系统及其设施

中压用户供电系统及其设施是指各变电站（发电厂）10kV 出线母线侧隔离开关开始至公用配电变压器低压侧出线套管为止，及 10kV 用户电气设备与供电企业的管界点为止范围内所构成的供电网络及其连接的中间设施。中压用户供电系统及其设施示意图如图 4-2 所示。

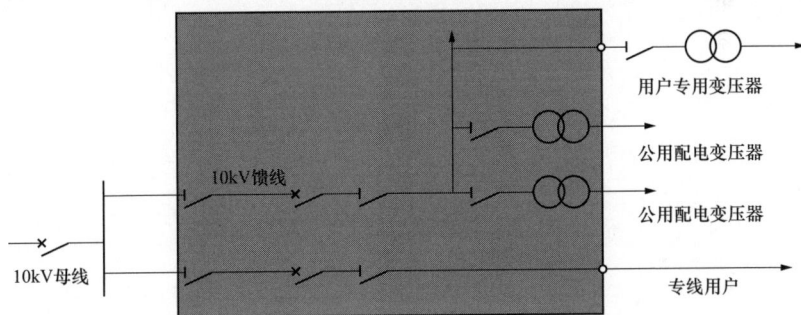

图 4-2　中压用户供电系统及其设施示意图

中压用户供电系统及其设施包括 10kV 馈线、配电变压器、断路器、负荷开关、隔离开关和熔断器等。其中，10kV 馈线包括架空线路和电缆线路，架空线路又分为绝缘导线和裸导线两种。

（1）架空线路：用绝缘子和电力金具将导线架设于杆塔上的电力线路。

（2）电缆线路：由电缆、电缆附件和附属设备所组成的电力线路，可直接敷设在地下或敷设在电缆桥、电缆沟和电缆槽内等。

（3）断路器：能够关合、承载和开断正常运行条件下的电流，并能在规定的时间内关合、承载和开断异常条件（包括短路）下的电流的开关设备。

（4）隔离开关：在分位置时，触头间有符合规定要求的绝缘距离和明显的断开标志；在合位置时，能承载正常回路条件下的电流及在规定时间内异常条件（例如短路）下的电流的开关设备。

（5）配电变压器：用于配电系统中根据电磁感应定律变换交流电压和电流而传输交流电能的一种静止电气设备。

（三）低压用户供电系统及其设施

低压用户供电系统及其设施是指由公用配电变压器低压侧出线套管外引线开始至低压用户的计量收费点为止范围内所构成的供电网络及其连接的中间设施。低压用户供电系统及其设施示意图如图4-3所示。

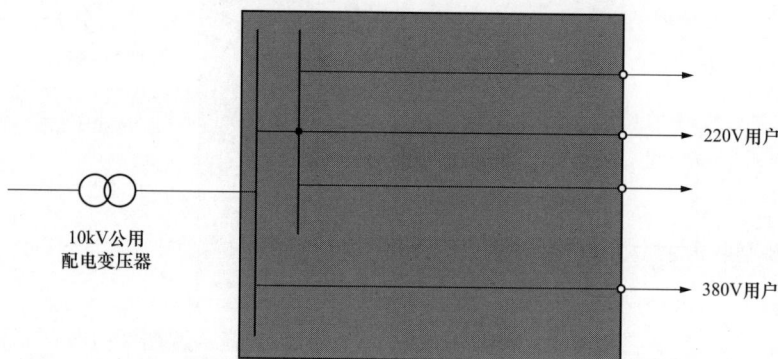

图4-3　低压用户供电系统及其设施示意图

低压用户供电系统及其设施主要包括（220V和380V）低压线路、配电变压器综合配电柜、剩余电流动作保护器和电表箱等。

（1）配电变压器综合配电柜（简称 JP 柜），是为了适应低压配电装置标准化、小型化和户外式的要求而设计的，它集配电、计量、保护（过负荷、短路、漏电）、设备防护（防雨、防雪）和无功补偿等功能于一体。

（2）剩余电流动作保护器，简称漏电保护器，又叫漏电保护开关，是一种电气安全装置。将漏电保护器安装在低压电路中，当发生漏电和触电且（同时）达到保护器所限定的动作电流值时，就立即在限定的时间内动作，自动断开电源进行保护。

（3）电表箱，是用于电量计量的专用箱，包括电流表、电能表和功率表等。

二、供电可靠性基础知识

（一）统计对象

用户按其接入系统的电压等级，可分为高压用户、中压用户和低压用户。由于用户接入系统的电压等级不同，统计单位也存在差异。

1. 高压用户

以 35kV 及以上电压受电的用户称为高压用户，将一个用电单位的每一个受电降压变电站作为一个高压用户统计单位，高压用户统计单位如图 4-4 所示。

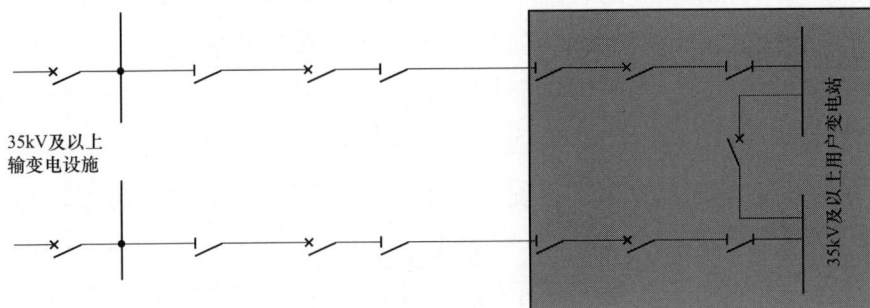

图 4-4　高压用户统计单位

注：图中方框灰色部分表示高压用户。

2. 中压用户

以 10（6/20）kV 电压受电的用户称为中压用户。将一个接受供电企业计量收费的中压用电单位作为一个中压用户统计单位。中压用户统计单位如图 4-5 所示。

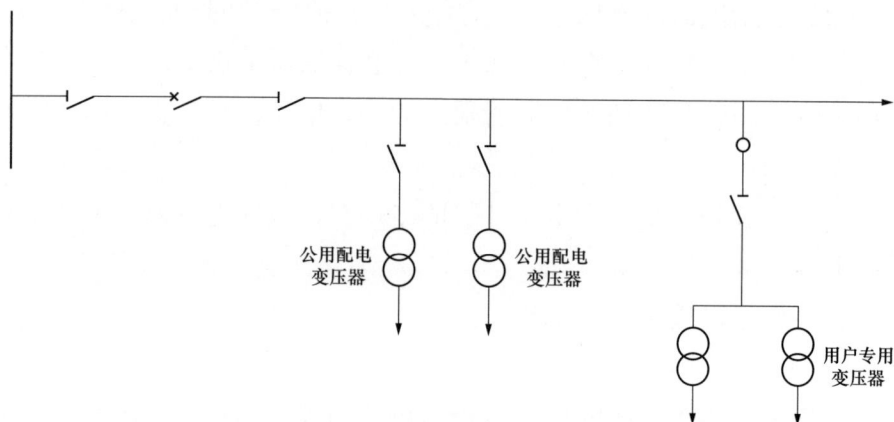

图 4-5　中压用户统计单位

注：图中共有公用用户 2 户、专用用户 1 户。

（1）一个用户的中压用电设备或配电变压器，无论是接在同一电力线路还是分别接在不同电力线路，若电能计量点只有一个，则作为一个中压用户统计单位。图 4-5 中，右侧的 2 台专用变压器经过同一个电能计量点为其供电，作为一个中压用户统计单位。

（2）在低压用户供电可靠性统计工作普及之前，以 10kV 供电系统中的公用配电变压器作为用户统计单位，即一台公用配电变压器作为一个中压用户统计单位。图 4-5 中，左侧的 2 台公用变压器，作为 2 个用户统计单位。

补充说明：小区供电变压器（包括专用变压器住宅小区）低压侧有一户一表居民用户的，按照公用配电变压器统计，一台公用配电变压器作为一个中压用户统计单位。但小区专用配电变压器仅负责向楼道、电梯、供水设施和景观等小区公共设施供电，仍按照专用用户统计。

专用线路和用户专用变压器按照电能计量收费点区分，全线路为专用线路的，无论有多少台变压器，只以电能计量收费点区分专用用户数量，但对仅为区分费率而设立的计量点不单独统计。对于中压侧无计量收费点，而在低压侧计量收费的专用变压器用户，则按其所对应变压器台数确定用户数量。

对于分别挂接在两条（多条）线路上且互为备用的双电源用户，即使有两个或多个电能计量收费点，也应作为一个中压用户统计单位。在信息系统中，仅将该用户维护在正常运行方式时向其主要供电的线路下。

对于光伏接入的中压配电变压器，如果这些变压器属于供电企业，按照公用用户统计，一台配电变压器作为一个中压用户统计单位；如果这些变压器属于企业自己运行维护管理，则按照电能计量收费点统计为专用用户。

3. 低压用户

以 220/380V 电压受电的用户称为低压用户。将一个接受供电企业计量收费的低压用电单位作为一个低压用户统计单位。低压用户统计单位如图 4-6 所示。

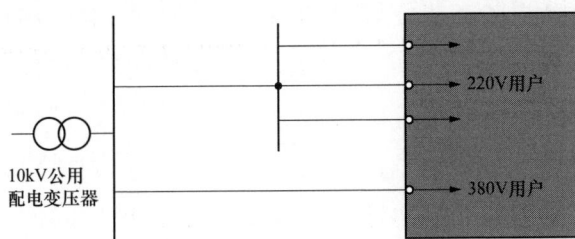

图 4-6　低压用户统计单位

注：图中方框灰色部分表示低压用户。

（二）供电状态

1. 供电系统的状态

供电系统按其是否对用户停止供电，可分为供电状态和停电状态。

供电状态是指用户随时可以从供电系统获得所需电能的状态。停电状态是指用户不能从供电系统获得所需电能的状态，包括与供电系统失去电的联系和未失去电的联系。需要注意的是：若自动重合闸动作，重合成功，或备用电源自动投入成功，不应视为对用户停电；用户有序用电未拉闸的状态，应视为等效停电状态。

2. 供电系统设施的状态

为了在统计供电用户可靠性的同时进行供电系统设施可靠性的统计，需进行（对）供电系统设施的状态分类。供电系统设施按其是否与运行中的电网相连，可分为运行状态和停运状态。运行状态是指供电设施与电网相连接，并处于带电的状态。停运状态是指供电设施由于故障、缺陷或检修、维修、试验等原因，与电网断开而不带电的状态。

停运状态又可分为强迫停运和预安排停运。

（1）强迫停运（故障停运）：由于设施丧失了预定的功能而要求立即或必须在 6h（或按照供电合同要求的时间）以内退出运行的停运，以及由于人为误操作和其他原因未能在 6h 以前向调度提出申请的停运。

（2）预安排停运：事先有计划安排，使设施退出运行的计划停运（如计划检修、施工、试验等），或在 6h（或按照供电合同要求的时间）前按规定程序经过调度批准的临时性检修、施工、试验等临时停运。

供电设施从停运开始到恢复运行的时间段称为供电设施停运持续时间。停运持续时间分强迫停运时间和预安排停运时间。对计划检修的设备，超过预安排停电时间部分算作强迫停运时间。

3. 供电用户的状态

供电用户按其是否可从系统获得所需电能的状态可分为供电状态和停电状态。停电是指用户不能从供电系统获得所需电能的状态，包括与供电系统失去电和未失去电的联系。停电分为持续停电和短时停电（小于等于 5min）。

供电可靠性统计的依据是以是否对用户停电为标准，因此更关注用户的停电状态。主要包括停电范围和停电时间两方面内容。用来描述停电范围、停电时间的指标有用户停电持续时间、停电户数、停电时户数。

（1）用户停电持续时间：供电系统对用户停电到恢复供电的时间段，以小时（h）为单位。

（2）停电户数：在一个停电事件当中，发生停电的用户数。

（3）停电时户数：是计算可靠性指标的一个中间量，对于单个用户来说，在一次停电事件中的停电时户数即该用户在本次停电事件中的停电时间（包括等效停电时间）；供电系统停电时户数为统计期间所有用户停电时户数的总和。

（三）地区特征分类

地区特征是供电可靠性统计中按供电区域功能划分的一种特性，是供电可靠性基础数据的一项属性。依据《统计上划分城乡的规定》《统计用城乡划分代码》，将用户地区特征划分为城区、镇区和乡村三类，其中城区可进一步划分为市中心区和市区。具体的地区特征可在国家统计局官方网站公布的统计用区划代码进行查询。

（1）城区：在市辖区和不设区的市，区、市政府驻地的实际建设连接到的居民委员会和其他区域。对应统计用城乡划分代码为"111"和"112"的区域。

1）市中心区：指市区内人口密集以及行政、经济、商业、交通集中的地区。

2）市区：城区内除市中心区以外的其他地区。

（2）镇区（城镇）：在城区以外的县人民政府驻地和其他镇，政府驻地的实际建设连接到的居民委员会和其他区域。与政府驻地的实际建设不连接，且常住人口在3000人以上的独立的工矿区、开发区、科研单位、大专院校等特殊区域及农场、林场的场部驻地视为镇区。对应统计用城乡划分代码为"121""122""123"的区域。

（3）乡村：城区和镇区以外的区域。对应统计用城乡划分代码为"210"和"220"的区域。

地区特征划分的基本原则是供电可靠性地区特征划分以科学、真实地反映中国现阶段城乡人口、社会和经济发展情况为宗旨，由属地供电企业组织开展，并遵循以下基本原则：

（1）及时性。根据统计用城乡划分代码更新维护结果，以及地方经济社会发展、政府行政区划变化情况，供电可靠性地区特征应及时调整，原则上每年调整1次。

（2）准确性。供电可靠性地区特征调整应进行逐级审核，确保划分的准确性。在变更用户地区特征时，应避免对历史指标数据造成影响。

（3）完整性。若同一配电线路跨越不同地区特征，以主要（用户数占比较高）地区特征作为该线路所属全部用户的地区特征。

地区特征划分对象：供电可靠性地区特征划分的对象是 DL/T 836—2016《供电系统供电可靠性评价规程》中所定义的高中压用户和低压用户。

地区特征划分依据：统计用城乡划分代码、地方经济社会发展、政府行政区划变化情况、村级行政区划单位（居委会、村委会）的管辖范围。

地区特征划分程序：①按照地区特征划分依据准备划分工作资料；②确定村级行政区划单位与供电可靠性用户的对应关系；③依据地区特征划分标准初步划定各用户的地区特征；④对初步划定的结果自下而上逐级审核、调整，并形成正式划分方案；⑤供电企业按照正式划分方案组织开展地区特征调整工作。

地区特征由供电企业按照地区特征的定义进行划分，当按照以上定义无法对管辖范围内某些区域进行地区划分时，可自行对这些区域确定划分原则。

地区特征是线路所在地理位置的区域特性，在线路地区特征的划分上，应注意首先要遵循供电可靠性评价规程的相关规定要求；在供电可靠性评价规程规定难以满足某些区域的划分时，对这些区域可以自行确定划分原则，并对划分原则加以明确。在实际的数据维护过程中，当一条线路有两种或以上的地区特征情况时，可按用户地区特征比例来确定线路的地区特征，建议采用比例较大的用户的地区特征。

（四）与时间相关的供电可靠性基础数据

随着社会的发展，负荷的增长，供电设备与用户也要不断地发展变化，以适应需要。供电可靠性基础数据要随供电设备与用户的变化，及时进行维护，以体现当前供电设备与用户的实际情况。近年来，供电可靠性的数据管理要求越来越高，为了提高供电可靠性基础数据自身的准确性，以及指标统计的准确性，要对线路的历史情况进行记录，供电可靠性基础数据采用分时间段进行记录的方式，以更好的记录不同时间段的基础数据。为此引入了4种时间点，包括：投运日期、退役日期、注册日期、注销日期。

投运日期：一般指电力设备或用户接入电力系统的最初日期。

退役日期：一般指电力设备或用户从电力网停运拆除的日期。

注册日期：是可靠性基础数据注册线段和用户的一项基本信息，一般采用线段和用户投运日期或变更完成日期的后一天，当线路和用户在投运后未发生过变更时，对应注册线段和用户的注册日期与投运日期相同；当线路和用户发生变更时，对应注册线段和用户的注册日期为变更完成日期的后一天。

注销日期：是可靠性基础数据注册线段和用户的一项基本信息，一般采用线段和用户变更的日期，当线路和用户在投运后未发生变更时，对应注册线段和用户的注销日期一般为空；当线路和用户发生过变更时，对应注册线段和用户的注销日期为变更完成日期。

通过注册日期和注销日期可以追溯供电可靠性基础数据变化情况，"复制"出过去某时刻反映电网结构的供电可靠性基础数据，以便正确地统计、计算出过去那一时刻或时段内的供电可靠性指标。如：

某一线段及所带用户的注册时期是 2023 年 1 月 1 日，注销时间是 2022 年 11 月 15 日，当统计 2022 年 11 月 15 日及以前的供电可靠性指标时，该线段和所带用户参加统计和指标计算；当统计 2022 年 11 月 16 日至 2022 年 12 月 31 日期间的供电可靠性指标时，该线段和所带用户是不参加统计和指标计算；当统计 2023 年 1 月 1 日以后的供电可靠性指标时，该线段和所带用户又参加统计和指标计算了。

此外，在进行供电可靠性指标统计时，大部分主要指标需要总用户数、每次停电（不停电）范围、每次停电（不停电）时间等一些主要信息来计算，这些数据是供电可靠性提供的基础数据和借助于基础数据产生的运行数据。及时更新完善基础数据，对供电可靠性管理非常重要，一般采用的原则是以开关设备（线路上具备切断负荷能力）将线路分成若干个线段，每个线段内包含对应的若干用户，当某台开关拉开时，可方便地确定停电范围及所涉及的线段、用户等。确定了基础数据，以此计算的指标较为容易地统计，如：线路平均分段数、线段平均用户数等。

供电可靠性的有些指标是可以体现配电网现状的，通过供电可靠性基础数据的统计获得。如需获得配电线路架空绝缘化率、电缆化率等，可在供电可靠性基础数据属性中加入中压线段的电缆长度、架空裸导线长度和架空绝缘导线长度等有关设备资产数量的相关信息，即可进行统计。

第三节　供电可靠性基础数据编码体系

一、基本定义

中压系统基础数据主要包括中压线路、中压线段、中压用户三个基本概念。在中压系统供电可靠性管理中，中压用户是供电可靠性统计管理的最小单位，中压线段则是若干个中压用户的集合，中压线路则是若干个中压线段的集合。

中压线路——从变电站 10（20、6）kV 出线断路器起，到线路受电末端点。

中压线段——线段为各开关设备之间的线路段，一般采用线路中工作时停电的最小线路范围作为线段。

中压用户——一个用电单位接在同一条或分别接在两条（多条）电力线路上的几台用户配电变压器及中压用电设备，应以一个电能计量点作为一个中压用户统计单位。

在中压系统基础数据管理中，为了便于可靠性的统计，依据一定的分段原则，将线路分成若干个线段，每个线段内包含若干个用户。在实际的可靠性统计过程中，以线段、用户作为统计对象。当需要用到线路的信息时，可以通过汇总线段的信息获得。

二、中压线段管理

（一）中压线路分段规则

线路按其从属关系分为主、分、支三级，各级又分干线、支线。中压线路的分段原则是线路从起点开始，遇到开关设备就分段，而且前一段线路的终点就是后一段线路的起点，首尾相接。如果线路的分段开关数较多，可以根据需要将相邻的两段算作一个线段。有开关设备的分支要划作独立的线段。

主干线第一线段的确认：从变电站出线断路器开始，到主干线下一个开关设备为止。

分支线第一段线段的确认：一条分支线如果在主线 T 接杆上有开关设备，该分支线划作独立的线段。如果在主线 T 接杆上没有开关，则可以把该分支从主线 T 接杆开始直到下一个分段开关为止的这一段线段划归至此线上，不必独立成段。

（二）中压注册线段编码规则

线段编码要求唯一，同一编码不能同时注册使用，对于已经退出的线段，其编码可重新注册使用。中压注册线段编码格式如图 4-7 所示。

1	2	3	4	5	6	7	8	9	10	11	12	13	14

图 4-7　中压注册线段编码格式

线段编码总长度为 14 位，最小长度为 7 位，由 3 段组成。

1～4 位为变电站的名称，数字为四位，汉字则为两个。如果变电站的汉字名称超过两个，则必须缩减为两字。

5～7 位为线路的编号，此 3 位编码只能是数字，一般采用线路的调度双重编号。若调度双重编号就是 3 位数字可以直接采用；若调度双重编号是 4 位数字，则取后三位；若调度双重编号是由 1 位汉字 2 位数字组成，则应将汉字用数字 0 代替，如"临 12 线路"编码时应变为 012；若调度双重编号是有三位数字和一位汉字组成，则应取数字后两位，同时将汉字用 0～9 代替，如"951 甲线路"编码时应变为 510。

如果前 4 位相同，则同属于一个变电站；如果前 7 位相同，则同属于一条线路。

8～14 位为自由编号，以 DL/T 836—2016《供电系统用户供电可靠性评价规程》规定的线段编码规则说明 8～14 位编码：线段第 8、9 位为主干线编码，按 01～99 进行编码；10～11 位为分支线段编码，按 01～99 进行编码；12～14 位为自由编号；各线段编码不要求连续，在增加分段开关时，可仅改变相关的线段编码，而不必全线都改。

例：562 线路线段编码（如图 4-8 所示）。

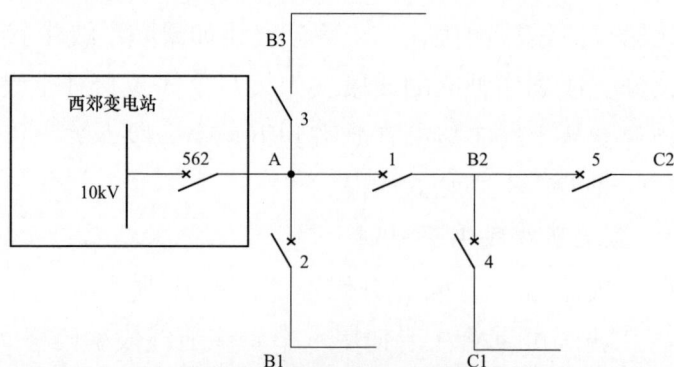

图 4-8　562 线路线段编码

A 段：西郊 56201；B2 段：西郊 56202；C2 段：西郊 56203。

B1 段：西郊 5620101；B3 段：西郊 5620102；C1 段：西郊 5620201。

例：东 11 线路线段编码（如图 4-9 所示）。

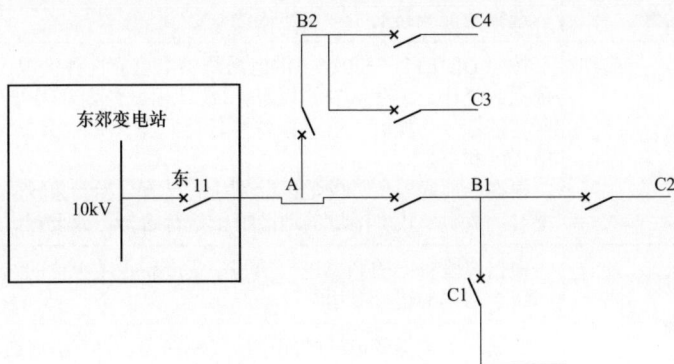

图 4-9　东 11 线路线段编码

编号为东 11 的开关为出线开关，A、B1、C2 段组成主干线，B2、C1、C3、C4 为支线，线段参考编码如下：

A 段：东郊 01101；B1 段：东郊 01102；C2 段：东郊 01103。

C1 段：东郊 0110201；B2 段：东郊 0110101；C4 段：东郊 011010101；C3 段：东郊 011010102。

出线汉字开头用数字"0"代替。

（三）中压注册线段数据要求

中压注册线段数据包括中压线段基础信息和中压线段资产信息。中压注册线段基础信息数据要求见表 4-1，中压注册线段资产信息数据要求见表 4-2。

表 4-1　　　　　　　　中压注册线段基础信息数据要求

线段字段	基础信息数据要求
线段编码	按照中压注册线段编码规则进行编写
线段名称	格式为：起始端点编号—终止端点编号，或者自行确定

线段字段	基础信息数据要求
注册日期	线路新建的按照投运日期填写，线路变更（切改）的按照变更（切改）日期推后一天填写，如 7 日切改，则用 8 日作为注册日期
电压等级	选择当前线路的实际电压等级
地区特征	按照 DL/T 836—2016《供电系统供电可靠性评价规程》的定义，依据《统计上划分城乡的规定》《统计用城乡划分代码》，将用户地区特征划分为城区、镇区和乡村三类，其中城区可进一步划分为市中心区和市区。 根据当前线段所处的地区分别进行选择。当一条线段发生跨区情况时，按用户较多区域的地区特征进行选择，或设置虚拟分段划分
线路性质码	根据线段资产的归属进行填写，资产属于本单位的选择公用，资产属于用户的选择专用
出线开关选项	出线开关是指变电站的配电出线断路器，只有当前线段是线路主干线第一线段时勾选，作为统计线路条数的依据
开关编号	选择当前线段的起点开关设备的调度双重编号
开关类型码	选择当前线段起点开关设备的设备类型

表 4-2 中压注册线段资产信息数据要求

线段字段	基础信息数据要求
电缆、架空裸导线和架空绝缘导线长度	分别填入当前线段包含的相应类型线路的长度，单位为千米（km）
断路器	指当前线段上包括起始点但不包括终止点的全部断路器台数（能够开合故障电流的设备）
开关设备	指当前线段上包括起始点但不包括终止点的除了上述断路器之外的开关设备的台数，包括负荷开关、隔离开关、熔断器
电容器	指本线段上的 10kV 高压电容器
开关站室数	包含配电站、开关站、环网柜、电缆分支箱
投运日期	指线路初次投入电网运行的日期
备注	各单位根据自身工作自行要求并编写，作为标注，无特殊要求

三、中压用户管理

（一）中压注册用户编码规则

中压用户编码要求唯一，同一编码不能同时注册使用，对于已经退出的用户，其编码可重新注册使用。中压用户编码为自由编码，建议采用图 4-10 所示的编码格式。

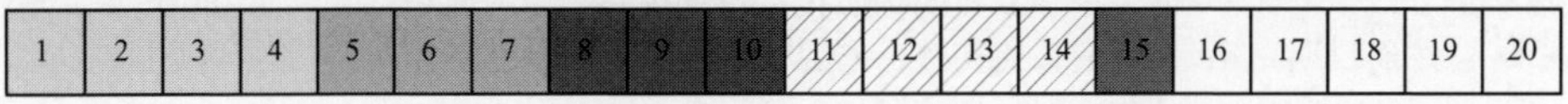

1	2	3	4	5	6	7	8	9	10	11	12	13	14	15	16	17	18	19	20

图 4-10　编码格式

图 4-10 所示的中压用户编码采用 20 位的编码方式，最小长度为 7 位，由 4 段组成。

第一段，1～4 位两个汉字，表示该用户主电源线路电源端变电站名称，取调度统一批准命名的前两个汉字。

第二段，5～7 位 3 位数字，一般采用所在线路调度双重编号，表示该用户主电源线路电源端开关编号。若调度双重编号是 3 位数字可以直接采用，若调度编号是由 1 位汉字和 2 位数字组成，则应将汉字用数字 0 代替，如"东 17 线路"编码时应变为 017，与线段编码一致。

第三段，8～15 位为自由编码，按照网省公司编码规则编写，无统一编码规范的自行编写。用户有编码可以使用相关调度双重编号、台区号、流水号等。一般 8～10 位是配电线路从变电站出口的配电变压器开始的顺序编号，11～14 位为变压器的容量，不足四位的前面以 0 代替，第 15 位为产权性质代码，设备产权属于供电部门的为"G"，产权属于用户的为"Z"。

第四段，16～20 为说明类，线路复杂备注，一般为空。

（二）中压注册用户数据填写要求

中压注册用户数据填写要求见表 4-3。

表 4-3　　　　　　　　　中压注册用户数据填写要求

线段字段	数据填写要求
用户编码	按照中压用户编码原则进行编写
用户性质码	根据当前用户的性质，选择"公用"或"专用"

续表

线段字段	数据填写要求
注册日期	用户新投的按照投运日期填写，用户随线路变更或用户迁移、增容的按照切改、增容日期错后一天填写，如 7 日切改，则用 8 日作为注册日期
变压器台数、变压器容量	根据当前用户实际的变压器数量和容量进行填写
投运日期	指用户初次投入电网运行的日期
专用设备台数、专用设备容量	根据当前用户的对应设备的台数和容量进行填写
是否双电源	选项根据当前用户是否为双电源用户进行勾选，填写双电源容量双电源用户：指能从供电系统获得两个（或两个以上）电源同时供电，或一回供电，其余作备用（任一电源的供电能力均能满足该用户的全部负荷）。 双电源用户只有一路电源停电时，不计入停电范围；所有电源全停时，计入停电范围以内
载容比	该字段用来计算缺供电量，根据当前用户的载容比进行填写
低压用户总数	根据当前公用用户变压器低压侧所带低压用户多少进行填写
用户描述	可以填写当前用户的一些描述信息，也可以不填写任何信息

四、中压注册数据维护工作主要内容

中压基础数据维护的实际工作主要有线路新增、线路变更、线路退运、单位资产管理范围变动、用户新增、用户变更、用户增容、用户退出（销户）。供电可靠性管理系统中采用的方法有增加线段、修改线段、删除线段、线段变更、线段合并、线段退役、更换单位、增加用户、修改用户、删除用户、用户变更、用户退役。

（1）线路新增。按照线路分段原则新增线路分段，搜集各线段基础数据信息和对应用户信息，在中压注册数据表维护中使用"增加线段"功能进行线段注册；完成注册后，在对应线段上注册用户，注册用户流程参考"用户新增"流程，用户线路长度按 0 录入。

（2）线路变更。明确变更范围和变更后新线段的基础数据信息和用户信息，根据此范围确定供电可靠性管理系统中对应的线段和用户，

使用"线段变更"功能将线段从原线路变更到新线路；然后对于用户信息需要发生变动的，使用"修改"功能对新线段中用户的用户信息进行修改。

需要将一个线段拆分为 2 条线段时，可直接使用"线段拆分"将一个线段分成两个新线段，然后对于用户信息需要发生变动的，使用"修改"功能对新线段中用户的用户信息进行修改。

需要将 2 条线段合并为 1 条线段时，一般可以先对其中 1 条线段使用"线段变更"，形成合并后的线段信息。对于用户的录错信息同时需要变动的，使用"修改"功能对新线段上用户信息进行修改，然后将另一条线段中的用户使用"用户变更"变更到新线段中，最后将此线段做"线段退役"。

因线路延伸、拆除仅导致线路长度发生变化时，也应使用"线段变更"功能进行变动。地区特征发生变动的，应使用"线段变更"功能进行变动，不能直接进行修改。

（3）线路退运。明确线路退运的范围，找到供电可靠性系统中对应的线段和用户，使用"线段退出"功能对线路进行退出。

（4）单位资产管理范围变动。包括单位拆分和单位合并两类。

1）单位拆分。首先收集单位拆分和资产划分的信息，以上一级管理者的身份，注册两个新的单位，然后以原线路管理者身份使用线路或线段的"更换单位"功能，将线路或线段分别变更到新的单位。

2）单位合并。首先收集单位合并和资产调整的信息，然后以原单位的身份进入基础数据维护，使用线路或线段的"更换单位"功能，将原单位线路变更到新单位。

（5）用户新增。搜集新增用户的基础数据信息和其线段归属信息，使用"增加用户"功能进行用户新增。

（6）用户变更。搜集用户变更前后的基础数据信息和其线段归属信息，使用"用户变更"功能，进行变更。

（7）用户有增容。搜集用户增容信息，使用"用户变更"功能，进行变更。

（8）用户退出（销户）。搜集用户的退出原因，使用"用户退役"功能完成用户退出（销户）。

五、基础数据案例

（一）供电可靠性基础数据维护及线段编码规则实例

［**案例**］ 某公司属于城镇供电区域的 35kV 西郊变电站 562 线路于 2011 年 3 月 20 日投运，其线路示意图如图 4-11 所示。西郊 562 线段台账见表 4-4，用户台账见表 4-5。

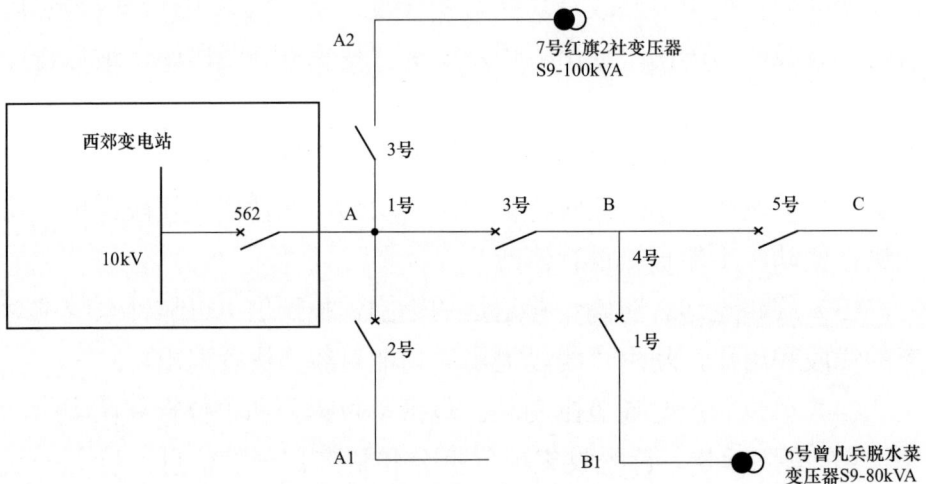

图 4-11　西郊 562 线路示意图

表 4-4　　　　　　　　　　西郊 562 线段台账

线路编码	线段名称	注册日期	电压	地区	线路性质	线路开关	开关编号	所带变压器
西郊56201	西郊变电站出线至主干线 3 号开关	2011-3-20	10kV	3-城镇	公用	是	56201	
西郊5620101	主干线 1 号T 接 2 号开关下侧	2011-3-20	10kV	3-城镇	公用	否	5620101	
西郊5620102	主干线 1 号T 接 3 号开关下侧	2011-3-20	10kV	3-城镇	公用	否	5620102	红旗 2 社变压器

续表

线路编码	线段名称	注册日期	电压	地区	线路性质	线路开关	开关编号	所带变压器
西郊56202	主干线3号开关至5号开关	2011-3-20	10kV	3-城镇	公用	否	56202	
西郊5620201	主干线4号T接1号开关下侧	2011-3-20	10kV	3-城镇	公用	否	5620201	曾凡兵脱水菜变压器
西郊56203	主干线5号开关下侧	2011-3-20	10kV	3-城镇	公用	否	56203	

表4-5 用 户 台 账

线段编码	用户编码	用户性质	注册日期	变压器台数（台）	变压器容量（kVA）	投运日期	用户名称	低压用户数
西郊5620201	西郊5620010080Z	专用	2011-3-21	1	80	2011-3-20	曾凡兵脱水菜变压器	0
西郊5620102	西郊5620010100G	公用	2011-3-21	1	630	2011-3-20	红旗2社变压器	12

编号为562的开关为出线开关，A、B、C段组成主干线，A1、A2、B1为分支线，线段分段及编码参考如下：

A段：西郊变电站出线至主干线3号开关，西郊56201；A1段：主干线1号T接2号开关下侧，西郊5620101；A2段：主干线1号T接3号开关下侧，西郊5620102。

B段：主干线3号开关至5号开关，西郊56202；B1段：主干线4号T接1号开关下侧，西郊5620201。

C段：主干线5号开关下侧，西郊56203。

（二）线路、线段

搜集该线路基础数据信息和对应用户的信息，在中压注册数据表维护中使用"增加线段"功能进行线段注册；完成注册后，在对应线段上注册用户，注册用户流程参考"用户新增"流程。线段新增所需数据见表 4-6，用户新增所需数据见表 4-7。

表 4-6　　　　　　　　　　线段新增所需数据

线段编码	线段名称	线路性质	地区特征	开关编号	开关类型	出线开关	投运日期	注册日期	架空裸导线长度	绝缘架空线长度	电缆线路长度	断路器台数	变压器台数	电容器台数	开关设备台数	开关站（室）数
北郊95310	外环线出口开关至32号杆	公用	城镇	95310	真空断路器	是	2009-01-01	2022-03-02	0.00	1.84	0.37	1	3	0	9	0
北郊95312	外环线主干线15号杆T接六中分支	公用	城镇	95312	真空断路器	否	2009-01-01	2018-04-12	0.11	0.71	0.65	0	7	0	11	0
北郊95311	外环线32号开关下侧	公用	城镇	95311	真空断路器	否	2009-01-01	2018-04-11	0.00	2.36	2.28	0	22	1	30	2

表 4-7　　　　　　　　　　用户新增所需数据

序号	用户名称	地区特征	变压器台数	变压器容量	用户性质	投运日期	注册日期	是否双电源	所属线段编码	低压用户数	用户营销编码
例1	曾凡兵脱水菜变压器	农村	2	160	专用	2022/12/21	2022/12/22	否	西郊5620202	0	0622024185219
例2	红旗2社变压器	城镇	1	80	公用	2022/12/21	2022/12/22	是	西郊5620102	12	0622024185211

（三）线路切改案例

在线路发生切改时，使用系统中线路变更功能，明确切改的范围和切改后新线段的基础数据信息和用户信息，根据此范围确定供电可靠性管理系统中对应的线段和用户，使用"线段变更"功能将线段从原线路变更到新线路；对该线段下方用户信息需要发生变动的，使用

"修改"功能,对新线段中用户的用户信息进行修改。

因线路延伸、拆除导致线路长度发生变化时,也应使用"线段变更"功能进行变动。地区特征发生变动的,应使用"线段变更"功能进变动,不能直接进行修改,用户增容则使用"用户变更"功能。

线段变更需所需数据见表 4-8。

表 4-8　　　　　　　　线段变更需所需数据

新线段编码	新线段名称	新线段性质	电缆线路长度	新架空裸导长度	新绝缘架空线长度	出线开关	地区特征	断路器台数	变压器台数	电容器台数	开关设备台数	开关站(室)数	注册日期
南郊95110	永和线出口开关至32号杆	公用	0.37	0.00	1.84	是	城镇	1	3	0	9	0	2022-03-02

（四）线路退运案例

明确线路退运的范围,找到供电可靠性系统中对应的线段和用户,使用"线段退役"功能对线路进行退出。

（五）用户新增案例

在业扩报装或"三零"服务等工程后,新增变压器后,搜集新增用户的基础数据信息和其线段归属信息,使用"增加"功能进行用户新增,用户新增收集信息参考表 4-7。

（六）用户变更案例

在业扩报装增容的变压器或公用变台容量不足增容后,需搜集用户增容信息,使用"用户变更"功能,进行变更。用户变更需收集数据见表 4-9。

表 4-9　　　　　　　　用户变更需收集数据

新线段编码	新用户名称	变压器数量	变压器容量	新地区特征	新用户性质码	注册日期
南郊95110	张三变	1	160	专用	专用	2023-12-12

（七）线段及用户修改案例

在供电可靠性管理系统基础数据核查中，若发现线段长度、种类及用户容量等录入错误，使用"修改"功能，进行修改。基础数据修改是针对线段或用户的供电可靠性基础数据异常采取的处理方式，使用修改时，不会产生基础数据新记录，但会影响当前时间段的供电可靠性基础数据，并可能对上次变更时间点到修改时间点内的历史统计结果产生影响。建议该功能仅针对近期进行变更的基础数据和近期注册的错误数据采用此方法进行处理。基础数据修改后，会生成非正式数据，需要地市级及公司审批后，完成修改功能，需收集所需数据参考表 4-8 和表 4-9。

第四节　高压系统基础数据管理

一、高压用户

高压用户指 35kV 及以上电压受电的用户，是高压系统基础数据统计的对象，也是高压用户供电可靠性的基础。

二、高压注册用户编码规则

高压基础数据以高压用户进行注册，没有线段的概念，其余与中压基础数据基本一致。高压用户编码要求唯一，同一编码不能同时注册使用，对于已经退出的用户，其编码可重新注册使用。高压用户编码采用图 4-12 所示的编码格式。

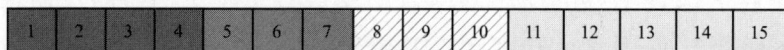

1	2	3	4	5	6	7	8	9	10	11	12	13	14	15

图 4-12　编码格式

图 4-12 所示的高压用户编码采用 15 位的编码方式，由 4 段组成。

第一段 1～4 位，通常采用两个汉字，表示该用户主电源线路电源端变电站名称，取调度统一批准书命名的前两个汉字。

第二段 5～7 位，3 位数字，取开关编号，表示该用户主电源线路电源端开关编号。

第三段 8~10 位，自行编写。用户编码可以使用相关顺序号等。

第四段 11~15 位，自行编写。用户编码可以使用变压器容量等，不足的前面用数字 0 代替。

三、高压注册用户数据填写要求

高压注册用户数据填写要求见表 4-10。

表 4-10 高压注册用户数据填写要求

线段字段	数据填写要求
用户编码	按照高压用户编码原则进行编写
用户名称	高压用户名称的格式无特殊要求，建议为：线路名称（_支线名称）_单位名称，也可自行编写
注册日期	用户新投的按照投运日期填写，用户随线路变更或用户迁移、增容的按照变更、增容日期错后一天填写，如 7 日变更，则用 8 日作为注册日期
电压等级	选择本用户电源线路的电压等级
线路长度	无特殊要求，各单位自行规定（线路长度不用填写）
变压器台数	当前用户站内变压器台数
变压器容量	当前用户变压器容量之和
载容比	根据当前用户的载容比进行填写
双电源容量	当前用户是双电源，则先勾选"是否双电源"选项，然后填写双电源容量。双电源的定义、停电判定与中压双电源用户相同
投运日期	指用户实际投入电网运行的日期，应与资产台账一致
用户描述	选择填写需要的描述信息（×××变电站×××出线）

四、高压注册用户维护工作主要内容

用户维护的实际工作主要有用户新增、用户变更、用户增容、用户退出（销户）、资产管理范围变动。供电可靠性管理信息系统中采用的方法有增加用户、修改用户、删除用户、用户变更、用户退役、更换单位。

（1）用户新增。搜集新增用户的基础数据信息和其线段归属信

息，使用"增加用户"功能进行用户新增。

（2）用户变更。搜集用户变更前后的基础数据信息和其线段归属信息，使用"用户变更"功能，进行变更。

（3）用户增容。搜集用户增容信息，使用"用户变更"功能，进行变更。

（4）用户退出（销户）。搜集用户的退出原因，使用"用户退役"功能完成用户退出（销户）。

（5）资产管理范围变动。首先收集单位调整和资产调整的信息，然后以原单位的身份进入高压基础数据维护，使用高压用户注册数据维护的"更换单位"功能，将原单位用户变更到新单位。

第五节　基础数据维护注意事项

（1）投运日期与注册日期的区别。投运日期为资产实际投入电网运行的日期，此数据不参与系统计算；注册日期为资产实际投入电网运行的日期或发生变更的日期顺延 1 天。某些实际发生的情况，在进行数据维护时，会影响数据的注册日期，包括线路变更、线路切改、用户变更、变更单位等，此数据参与指标计算，在数据维护时需特别注意，避免影响已经上报的数据。

（2）退出日期和注销日期的区别。退出日期为资产实际退出电网运行的日期，此数据不参与系统计算；注销日期为资产实际退出系统运行的日期或发生变更的日期。某些实际发生的情况，在进行数据维护时，会影响原数据的注销日期，包括线路变更、用户变更与增容、变更单位等，此数据参与指标计算，需特别注意，避免影响已经上报的数据。

（3）在数据变更时，注销日期与新注册日期应相差一天。如在 4 月 15 日对线段 A 进行了切改，注销日期为 4 月 15 日，新注册日期为 4 月 16 日。

（4）每个使用单位只能维护本单位的基础数据，上级单位应起到监督与审核的作用。

（5）所有注册数据编码唯一，对于已经退出的数据，其编码可重新注册使用。

（6）注册线段和注册用户之间有主从关系，其信息也相互影响，当线段基础数据发生变化时，如对线段进行"线段变更""线段退出""更换单位"，该线段的用户自动跟进，用户编码不变。删除一条线段会自动删除其所有的注册用户。

（7）由配电所、开关站、环网柜、电缆分支箱等整体设备引出的线路设备，不应按独立线路进行注册，只有由系统变电站直接出线的线路注册为独立的线路。

（8）断路器台数专指变电站出线开关，不需要进行录入，选择出线开关，断路器台数自动记录为 1 台，不需人为添加。

（9）架空线路需按分段和分支录入。架空线路上的柱上开关（包括断路器、负荷开关、隔离开关、跌落熔断器）数量，应填到开关设备台数中。

（10）电缆线路需按段录入。电缆线路中的开关站、配电室（小区变）、箱式变压器以及环网柜、电缆分接箱需统计到开关站室中，开关站、配电室（小区变）、箱式变压器以及环网柜、电缆分接箱中的开关设备应按台数录入到"开关设备台数"一栏中。

（11）在进行基础数据变更时应注意，有线路改造停电工作的必须先录入运行事件，再对基础数据进行变更。

（12）当基础数据的资产信息等由于线路改造、业扩等工作发生变更时，禁用使用修改，应使用变更，如果线段变更时，其用户信息或线段本身信息有调整的，可以在线段变更后对相关信息进行修改。

（13）数据的修改与删除应尽量用于有录入错误的新数据，或者刚进行过变更的数据。

（14）在维护运行数据时，当运行事件发生时间点的基础数据不正确时，应先对基础数据进行适当的维护，基础数据正确后，再进行运行事件的维护。

（15）当基础数据将要随供电设备与用户变更时，则应先将变更前发生的运行事件维护完成后，再进行基础数据的变更。

（16）当供电线路或用户发生变化时，应对供电可靠性基础数据进行相应的维护操作，有的操作会对指标统计的历史结果产生影响，有些则不会。注意变更、修改、退役（退出）、删除操作。

（17）经过上一级供电可靠性管理人员进行锁定的数据，修改后会自动生成非正式数据，需经上一级供电可靠性管理人员审批方能变为正式数据，在审批之前，非正式数据不会对正式数据造成任何影响，不参与统计计算，不能对非正式基础数据录入运行事件。

（18）对于变更操作没有复原功能，而一次变更操作一般包括了一次退出和一次新增操作。如果是线段变更还包括其线段从属所有用户自动跟随变更，使用中必须特别注意操作的先后顺序和填写日期的正确性。以下两种情况需特别注意：

1）线路改造停电工作必须先录入运行事件再变更操作。

2）线段合并操作必须先变更主线段（合并后保留的线段），再将用户变更到线段而不能反向操作，避免用户程序内部变更 2 次。

第五章

供电可靠性运行数据管理

供电可靠性运行数据直接反映供电系统运行情况，是供电系统可靠性统计分析的基础。运行数据力求规范准确，为衡量供电可靠性水平提供重要数据支持。

第一节 运行数据管理基础

一、运行数据资料的收集

运行资料的收集整理要求全面、准确，通过资料如实反映线路、设备、用户等相关停电实际的停电性质、停电时间、停电范围、事件经过等重要信息，相关数据必须准确详尽，为准确判断责任原因、技术原因等提供依据，正确录入运行数据才能保证准确的数据、可靠完善的分析。

运行数据录入前需要收集停电（不停电）作业的责任部门、责任原因、停送电时间、停电范围、停电原因等信息，信息来源包括年（月、周）停电计划、停电公告、调度运行记录、线路（设备）运行检修记录、故障抢修记录、分析报告等。运行相关资料应由调度部门、运行维护部门、营销服务部门等收集报送至供电可靠性管理人员。

二、运行数据填报信息

供电可靠性运行数据主要包括责任部门、停电时间、责任原因、停电设备、技术原因、特殊分析、备注和停电范围（用户）。其中停电时间、责任原因、停电设备、技术原因需要注意的事项和要求较多，会在下面几节中重点进行说明。

1. 责任部门

责任部门为进行停电工作的责任部门（单位）或运行管理部门（单位）。多单位申请的综合检修停电事件应在多单位分担事件中录入。主要责任部门为工作时间最长的部门，在数据填报时按照工作时间最长的工作内容填写责任原因等信息项。

2. 停电时间

停电时间是对用户停止供电的时间区间，从对用户停止供电的时间点开始，到对用户全部恢复送电的时间点为止的时间段。

停电起始时间和终止时间用来确定停电持续时间。持续时间在 1min 以内的停电可不予统计；持续时间在 1min 及以上的用户停电应全部录入，包括转供电等短时停电。

3. 特殊分析

特殊分析表示当前事件停电原因的特殊性，主要包括常规、城网改造、洪水、台风、冰灾、地震、其他自然灾害。

自然灾害：指台风、地震、洪涝、龙卷风、泥石流、海啸等。自然灾害需有气象部门的报告并存档作为录入依据。其他不属于自然灾害的天气影响责任原因为气候因素。

城网改造：指凡是由于实施配电网改造工程（含城农网）引起的停电事件，统一选"城网改造"选项。

4. 备注

为方便运行数据自查、分析，供电可靠性管理人员应根据实际情况在备注中用文字进行说明和补充；包括但不限于涉及的线路或用户、停电具体原因、停送电步骤、运行方式变更等情况。

第二节 事件性质分类

一、停电性质分类

停电性质主要分为故障停电和预安排停电两大类，具体应按照供电可靠性评价规程有关分类原则进行选择。停电性质分类如图 5-1 所示。

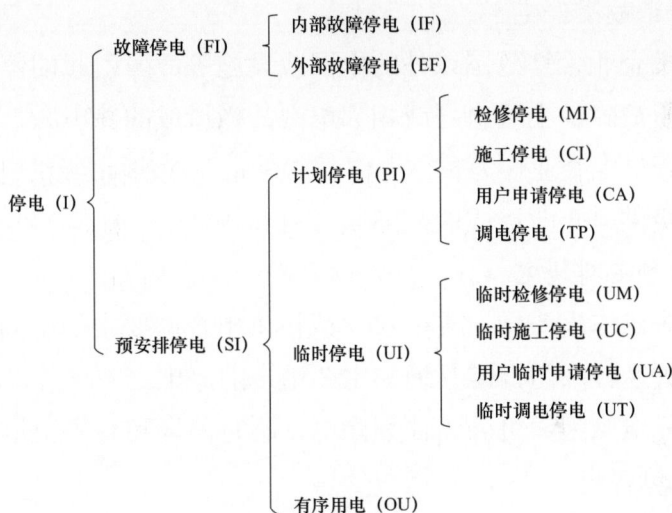

图 5-1 停电性质分类

（一）故障停电

供电系统无论何种原因未能按规定程序向调度提出申请，未在 6h（或按供电合同要求的时间）前得到批准且通知主要用户的停电。

根据故障设施的管辖范围又可分为内部故障停电和外部故障停电。

1. 内部故障停电

凡属本企业管辖范围以内的电网或设施等故障引起的停电（如本企业管辖的配电线路故障跳闸等造成对用户停电；供电设施遇有危急

缺陷，需要立即停电处理所造成的用户停电等）。

10（20、6）kV 配电网设施故障：地（市）级供电公司管辖 10kV 配电网设施范围内故障造成的中压用户停电。

10kV 及以上输变电设施故障：10kV 及以上输变电设施范围内故障造成的中压用户停电。

发电设施故障：发电机组故障直接造成的中压用户停电，或因发电机组故障导致电网安全自动装置动作造成的中压用户停电。

2. 外部故障停电

凡属本企业管辖范围以外的电网或设施等故障引起的停电（如电厂发电机组故障、上级电网或相邻电网故障造成的停电）。

地市级供电企业作为整体算作"本企业"，该地市级供电企业下属的其他县级供电企业造成的故障属于内部故障。

（二）预安排停电

凡预先已作出安排，或在 6h（或按供电合同要求的时间）前得到调度或相关运行部门批准且通知主要用户的停电。

根据停电原因又可分为计划停电、临时停电和有序用电。

1. 计划停电

有正式计划安排的停电。包括：

（1）检修停电。按检修计划要求安排的检修停电。如：年度定期检修试验、设备大小修等引起的停电。

（2）施工停电。系统扩建、改造及迁移等施工引起的有计划安排的停电。包括为配合市政工程建设施工需要电网企业管辖范围内的电力设施的停电。

（3）用户申请停电。由于用户本身的要求得到批准，且影响其他用户的停电。如果不影响其他用户，则不予统计。

（4）调电停电。由于检修、施工作业、故障处理或负荷调整等而对运行方式改变，造成用户的停电。

2. 临时停电

事先无正式计划安排，但在 6h（或按供电合同要求的时间）以前按规定程序经过批准并通知用户的停电。包括：

（1）临时检修停电。系统在运行中发现危及安全运行、必须处理的缺陷而临时安排的停电。分为内部和外部停电。

（2）临时施工停电。事先未安排计划而又必须尽早安排的施工停电。分为内部和外部停电。

（3）用户临时申请停电。事先未安排计划，由于用户本身的要求得到批准，并影响其他用户的停电。

（4）临时调电停电。事先未安排计划，由于检修、施工作业、故障处理或负荷调整等而对运行方式改变，造成用户的停电。

3. 有序用电

在电力供应不足、突发事件等情况下，依法控制部分用电需求，确保供用电秩序平稳。

二、不停电性质分类

不停电事件按工作内容分为带电作业、不停电倒负荷和临时供电。

（一）带电作业

在电气设备上不停电进行检修、施工、测试的作业。

（二）不停电倒负荷

通过并解列操作，达到不对用户停电的负荷转移。

（三）临时供电

应用特殊设备对原本停电区域的电力设施进行供电的作业。如使用发电机为用户临时供电的作业。

第三节　运行事件时间及范围选取

一、停电时间管理

供电可靠性运行事件的停电起始时间、停电终止时间按对用户停止供电到对用户全部恢复送电为止。

（一）预安排停电

全线路停电工作起始时间、停电终止时间为变电站开关实际停、送电时间。即操作票上停电操作的开始时间与送电操作的结束时间，如没有操作票，则按调度日志上的停送电时间选取。

线路分支停电的起始时间、停电终止时间为供电运行检修人员拉开分支开关时间和工作完毕后合上分支开关的时间。

单台变压器停电的起始时间、停电终止时间为供电运行检修人员拉开和合上变压器跌落式熔断器或高压开关时间。

变压器停电发生至通过负荷转供或其他措施恢复低压供电之间的事件，停电起止时间从停电发生到通过负荷转供或其他措施恢复低压供电为止。

多单位分担事件，停电起始时间按照最早开始工作单位的停电工作操作票上操作开关完成时间和最后结束工作单位的停电工作操作票上操作开关完成时间选取。

（二）故障停电

全线路故障停电起始时间、停电终止时间以变电站开关实际跳闸时间和送电时间为准，如不能获取变电站开关实际跳闸时间和送电时间，则按调度日志上的线路停送电时间。

线路分支故障停电的起始时间、停电终止时间以分支开关实际停电时间和送电时间为准，如不能获取分支开关实际停电时间和送电时间，则按调度日志、相关配电运行记录的停送电时间。

单台变压器故障停电的起始时间、停电终止时间以用户报修时间和对用户恢复送电时间为准。如没有用户反映停电时间，则以抢修人员到现场确认变压器跳闸的时间为准，送电时间以变压器的实际送电时间为准。

（三）分步送电

分步送电按一次停电事件统计。分步送电按照最长停电时间选择全部停电范围录入停电事件，然后在停电事件维护界面修改每个线段、用户的送电时间。

（四）陪停事件

同杆并架或由于其他原因必须配合停电的（陪停线路本身没有工作）事件，停电事件中所有停电线路必须录入到同一事件中。如果各条线路的停电起始时间不同，可将线路停电时间段进行平移，按照同一停电起始时间录入。如果各条线路的停电终止时间不同，先按送电最长时间录入，然后再对提前送电的线路进行修改。

二、停电范围选取

对于选取停电范围有八种特殊情况需要注意。

（1）用户有两回及以上供电线路同时供电，当其中一回停运的不降低用户供电容量（包括备用电源自动投入）时，不予统计。如一回线路停运而降低用户容量时，应计停电一次，停电用户数为受其影响的用户数，停电时间按等效停电时间计算。所有电源全部停电时，应计入停电事件。

（2）自动重合闸成功或备用电源自动投入成功且未造成用户停电或不降低用户的供电容量，不应视为对用户停电。

（3）对有能力向系统输送电能的用户，若该用户与供电系统连接的线路停运，且减少或中断对系统输送电能而影响对其他用户的正常供电时，应计入停电一次，停电用户数应为受其影响而有序用电或停电的用户数之和，停电时间按等效停电时间或实际停电时间计算。

（4）用户有一回 35kV 或以上高压线路供电，而用 10kV 线路作为备用时，当高压线路停运，有 10kV 线路供电并减少供电容量时，按有序用电进行统计。对这种情况的用户，仍算作 35kV 或以上高压用户。

（5）用户报停后，视为退出系统，停运后的基础数据和运行数据不参与计算。

（6）因用户欠费、存在违法用电等行为，或按政府部门要求配合执法以及为避免人身、财产损失，供电企业依法依规进行的停电可以不作统计，但基础数据仍参与计算。

（7）对于设施停运而未造成供电系统对用户停止供电，且未降低用户供电容量的情况，不予统计。

（8）用户申请停电或因用户原因故障引起停电时，如只有该用户停电，则不进行统计；如造成其他用户停电的，该用户本身不纳入统计，其他停电用户必须进行统计。

第四节　停电事件停电设备选取

运行数据停电设备的准确选择，直接影响供电可靠性的分析、统计结果，尤其是故障分析能否正确反映设备上可能存在的问题。供电可靠性管理中停电设备是指造成线路停电主要原因的设备。

一、停电设备分类

停电设备分为配电设备、输变电设备、发电设备三类。设备分类如图 5-2 所示。

二、停电设备选择

停电设备按照直接故障设备或是与故障有最直接关联关系的设备的最小元件进行选择，应选择到设备分类的最末一级。

对于同一电压等级不同故障点或不同原因的故障，选择影响面最大或主要故障原因的停电设备。如线路发生倒杆塔和鸟害故障，应选择杆塔故障。

对于一次停电多个故障点之间有关联的情况，应选择主要原因的停电设备。如发生车挂线并导致杆塔倒塌故障，停电设备应选取裸导线或绝缘线，不能选杆塔。

对于多个故障点或多种原因造成故障停电的情况，应按照直接故障点的电压等级进行选取，先后顺序为发电设备、500kV 输变电设施、220kV 输变电设施、110kV 输变电设施、35kV 输变电设施、10kV 母线设备、10kV 馈线设备、10（20、6）kV 配电设备。

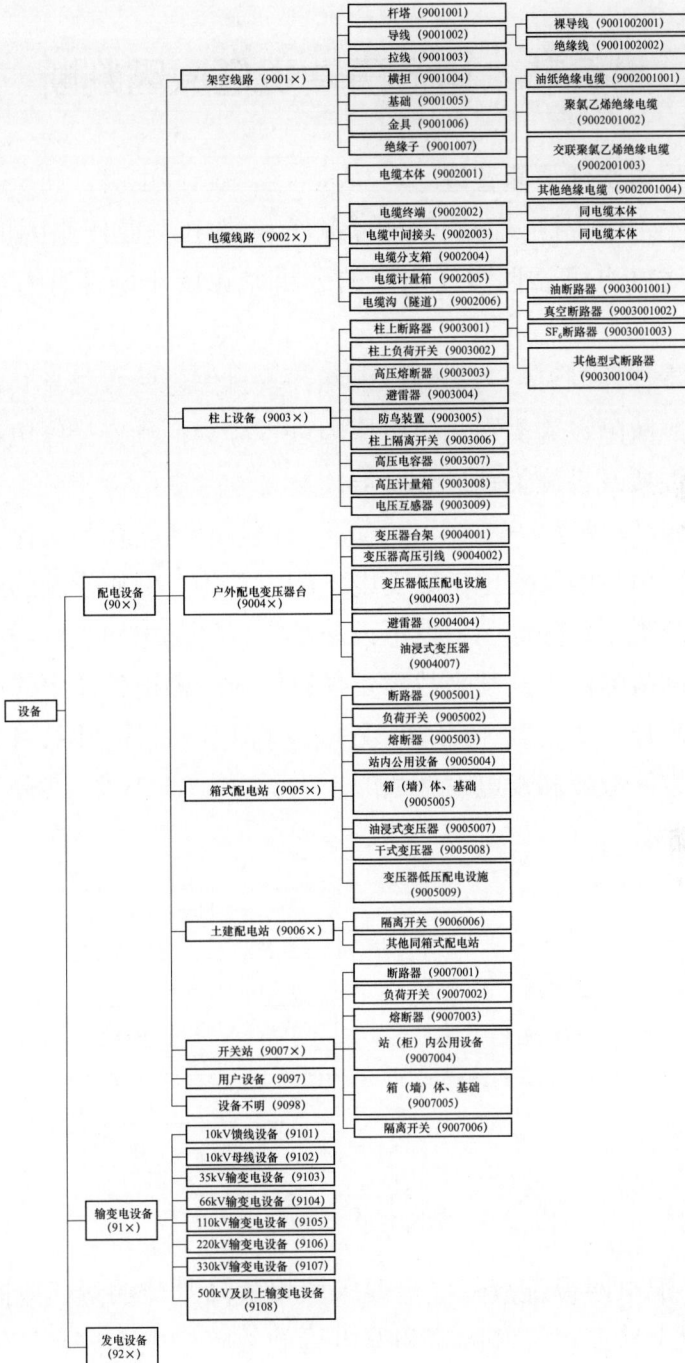

图 5-2　设备分类

第五节　运行事件责任原因判断

一、停电责任原因管理

停电责任原因是描述停电的责任和缘由，责任原因的判断准确与否，对供电可靠性责任原因的分析结论的正确性有着决定性的影响。

停电责任原因可分为故障停电和预安排停电两大类。其中，故障停电是按照故障设施类别和停电原因进行分类；预安排停电是按照停电的工作性质及设施类别进行分类。

（一）故障停电

故障停电按照从发电、输变电、配电设施、低压设施的顺序进行责任原因分类。责任原因中发电设施故障、外部电网故障对应停电性质中的外部故障停电，其余故障责任原因对应停电性质中的内部故障停电。故障停电类分为 10（20、6）kV 配电网设施故障、10kV 及以上输变电设施故障和发电设施故障 3 大类，共 34 小项，其分类及编码如图 5-3 所示。

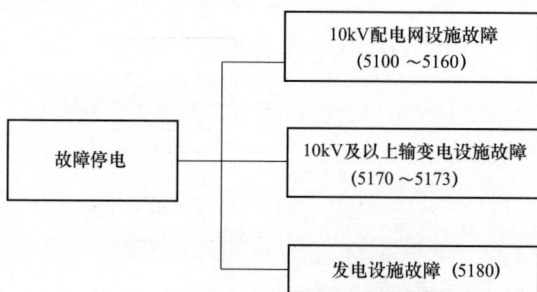

图 5-3　故障停电原因分类及编码

10kV 配电网设施故障停电要求填报故障具体的责任原因。对于 10kV 及以上输变电设施故障和发电设施故障停电不需要具体细分故障的责任原因，只需明确故障设施电压等级即可。

发电设施故障停电中发电机组故障是中压用户停电的专业原因。对于电网设施本身故障造成电网安全自动装置动作切负荷，不属于发电设施故障，应按照故障电网设施的电压等级和管辖关系填报。

1. 10kV 配电网设施故障停电

10kV 配电网设施故障停电分为设计施工、设备原因、运行维护、外力因素、自然因素和用户影响 6 类，其分类及编码如图 5-4 所示。

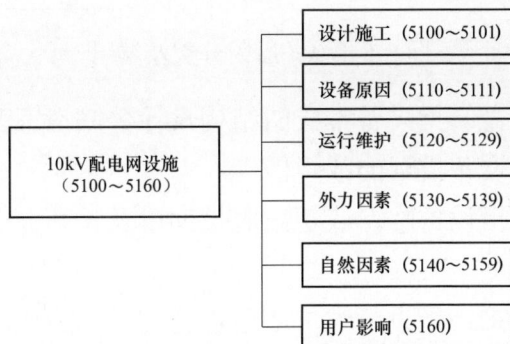

图 5-4　10kV 配电网设施故障停电分类及编码

（1）设计施工原因：指由于规划设计不周和施工安装原因造成的故障停电。设计施工分类及编码如图 5-5 所示。

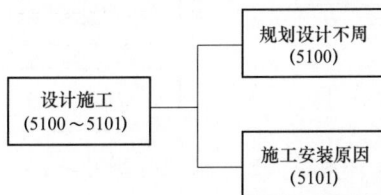

图 5-5　设计施工分类及编码

规划、设计不周：指配电网设备及辅助设施由于规划、设计不当造成的故障停电。

施工安装原因：指配电网设备由于施工安装质量不良或工艺不过关等原因造成的故障停电。

（2）设备原因：指设备本身元件质量不良和设备老化造成的故障停电。设备原因分类及编码如图 5-6 所示。

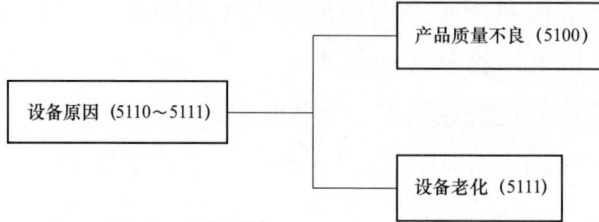

图 5-6　设备原因分类及编码

产品质量不良：指设备本身的结构设计、制造工艺、部件材料选择等不合格造成设备投运的故障停电。

设备老化：指设备临近或超出服役期以及长期在非正常条件下运行造成的故障停电。

（3）运行维护：指设备维护或运行管理不当造成的故障停电。运行维护分类及编码如图 5-7 所示。

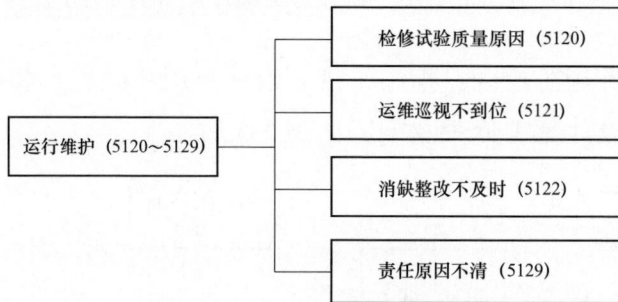

图 5-7　运行维护分类及编码

检修试验质量原因：指未按相关规程或规定要求进行设备检修、调整试验，导致运行设施故障引起的停电。

运维巡视不到位：指设备运行管理单位未按规程要求开展运行管理和设备巡视检查工作造成供电设施故障引起的停电，包括误操作、树线矛盾等。

消缺整改不及时：指因未按规程要求及时开展检修维护管理工作

造成供电设施故障引起的停电，包括缺陷、隐患防护措施不力及整治不及时等。

责任原因不清：指无法查明原因的故障停电。

（4）外力因素：是指由于人为破坏、动物因素影响等造成的故障停电。外力因素分类及编码如图 5-8 所示。

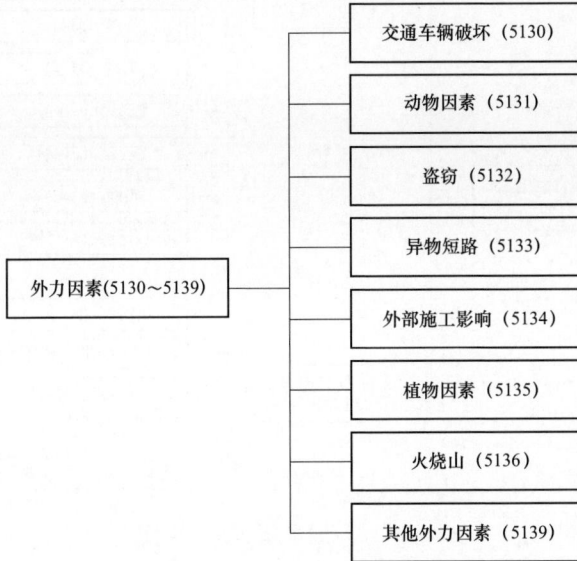

图 5-8 外力因素分类及编码

交通车辆破坏：指供电设施受交通车辆破坏影响造成的故障停电。

动物因素：指鸟害、鼠害等动物因素造成的故障停电。

盗窃：指供电设施及其部件被盗造成的故障停电。

异物短路：指高空抛物、高空坠物、风筝、空中飘浮异物等原因造成的故障停电。

外部施工影响：指非地（市）级供电企业组织和管理的施工由于管理不善如施工机械碰撞、挖断、与运行设备安全距离不符合规程要求、施工抛物等造成供电设施故障停电。

植物因素：指由于树木倒伏、藤蔓生长等导致的故障停电。

火烧山：特指由于山林地区大面积火灾导致的故障停电。

其他外力因素：指由于火灾、枪击等其他外力因素造成的故障停电。

（5）自然因素：指局部小范围的天气因素或大面积自然灾害造成的故障停电。自然因素分类及编码如图 5-9 所示。

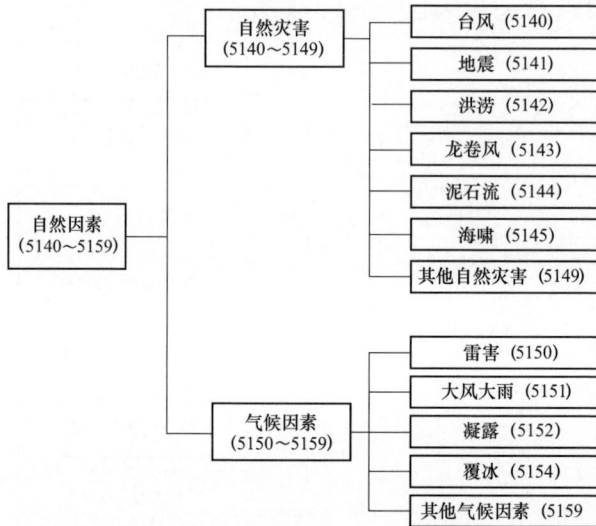

```
自然因素                自然灾害              台风（5140）
（5140～5159）      （5140～5149）
                                         地震（5141）

                                         洪涝（5142）

                                         龙卷风（5143）

                                         泥石流（5144）

                                         海啸（5145）

                                         其他自然灾害（5149）


                       气候因素              雷害（5150）
                    （5150～5159）
                                         大风大雨（5151）

                                         凝露（5152）

                                         覆冰（5154）

                                         其他气候因素（5159）
```

图 5-9　自然因素分类及编码

自然灾害：指台风、地震、洪涝、龙卷风、泥石流、海啸等大面积的自然灾害造成的故障停电。

气候因素：指局部小范围的天气因素（如大风、大雨、雷害、覆冰、高温、粘雪、泥石流等）造成的故障停电。

其他气候因素：指雷害、大风大雨等以外气候因素造成的故障停电。

（6）用户影响：指由于用户供电设施故障造成其他用户的停电。

2. 10kV 及以上输变电设施故障

10kV 及以上输变电设施故障停电按照引起故障的输变电设施电压等级和管辖关系分为 4 类。其分类及编码如图 5-10 所示。

变电站内 10（6、20）kV 设施故障：供电企业管辖范围以内各电压等级变电站内的 10（6、20）kV 设施故障引起的用户停电。

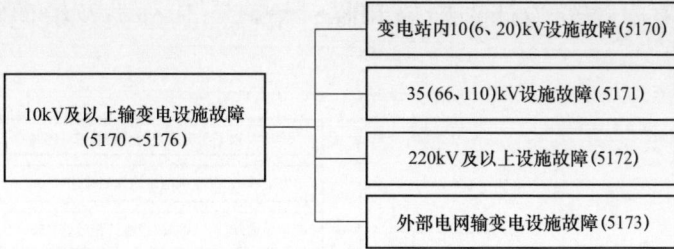

图 5-10　10kV 及以上输变电设施故障分类及编码

35（66、110）kV 设施故障：供电企业管辖范围以内各电压等级变电站的 35（66、110）kV 设施故障引起的用户停电。

220kV 及以上设施故障：供电企业管辖范围以内 220kV 及以上电压等级设施故障引起的用户停电。

外部电网输变电设施故障：供电企业管辖范围以外电网输变电设施故障引起的停电。

3.　发电设施故障

发电设施故障：因发电机组故障直接造成的重要用户停电，或者由于发电机组故障导致安全自动装置动作造成的中压用户停电。

（二）预安排停电

预安排停电原因类分为"检修停电""工程停电""用户申请""调电""有序用电" 5 类。其分类及编码如图 5-11 所示。

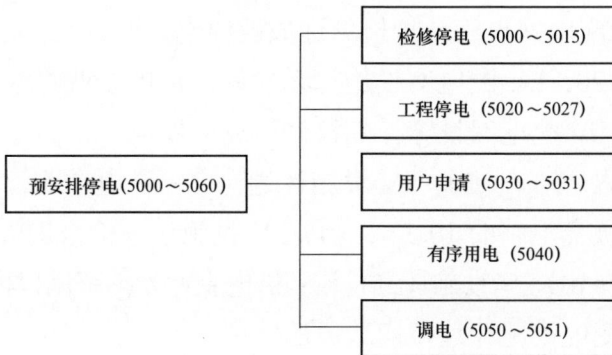

图 5-11　预安排停电原因分类及编码

1. 检修停电

检修停电类分为计划检修和临时检修。其分类及编码如图 5-12 所示。

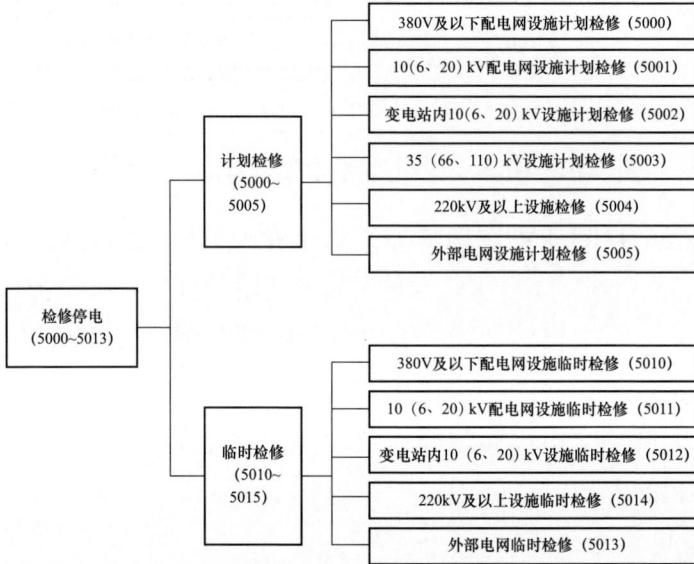

图 5-12　检修停电分类及编码

（1）计划检修：预先作出计划安排、按规定程序提出申请并在 7 日前得到批准的检修停电工作。

380V 及以下配电网设施计划检修：供电企业管辖范围以内的 380V 及以下配电网设施计划检修造成的停电。

10（6、20）kV 配电网设施计划检修：供电企业管辖范围以内的 10（6、20）kV 配电网设施计划检修造成的停电。

变电站内 10（6、20）kV 设施计划检修：供电企业管辖范围以内的各电压等级变电站的 10（6、20）kV 设施计划检修造成的停电。

35（66、110）kV 设施计划检修：供电企业管辖范围以内的 35（66、110）kV 输变电设施计划检修造成的停电。

220kV 及以上设施检修：供电企业管辖范围以内的 220kV 及以上

电压等级设施计划检修造成的停电。

外部电网设施计划检修：供电企业管辖范围以外的电网设施计划检修造成的停电。

（2）临时检修：系统在运行中发现危及安全运行、必须处理的缺陷而临时安排的停电，事先无正式计划安排，但在 6h（或按供用电合同要求的时间）以前按规定程序得到批准并通知主要用户的停电工作。

380V 及以下配电网设施临时检修：供电企业管辖范围以内的380V 及以下配电网设施临时检修造成的停电。

10（6、20）kV 配电网设施临时检修：供电企业管辖范围以内的10（6、20）kV 配电网设施临时检修造成的停电。

变电站内 10（6、20）kV 设施临时检修：供电企业管辖范围以内的各电压等级变电站的 10（6、20）kV 设施临时检修造成的停电。

35（66、110）kV 设施临时检修：供电企业管辖范围以内的35（66、110）kV 输变电设施临时检修造成的停电。

220kV 及以上设施临时检修：供电企业管辖范围以内的 220kV 及以上电压等级设施临时检修造成的停电。

外部电网设施临时检修：供电企业管辖范围以外的电网设施临时检修造成的停电。

2. 工程停电

工程停电是指供电企业对本单位管辖范围以内电网设施进行的建设、改造，按计划安排的停电。其分类及编码如图 5-13 所示。

380V 及以下配电网设施计划施工：供电企业管辖范围以内的380V 及以下配电网设施计划施工造成的停电。

10（6、20）kV 配电网设施计划施工：供电企业管辖范围以内的10（6、20）kV 配电网设施计划施工造成的停电。

变电站内 10（6、20）kV 设施计划施工：供电企业管辖范围以内的各电压等级变电站的 10（6、20）kV 设施计划施工造成的停电。

35（66、110）kV 设施计划施工：供电企业管辖范围以内的 35（66、

110）kV 输变电设施计划施工造成的停电。

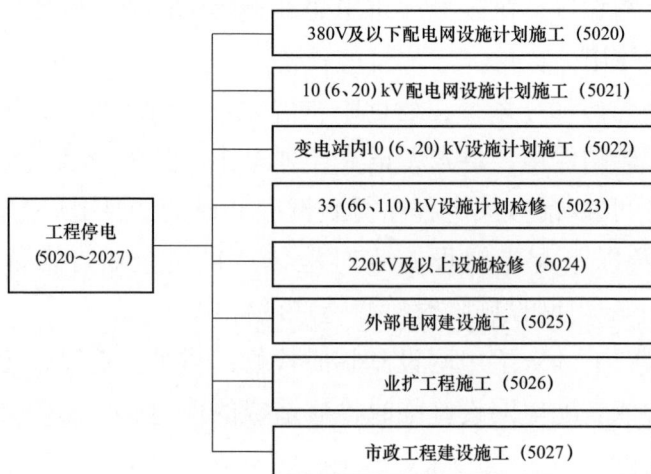

图 5-13　工程停电分类及编码

220kV 及以上设施施工：供电企业管辖范围以内的 220kV 及以上电压等级设施计划施工造成的停电。

外部电网设施施工：供电企业管辖范围以外的电网设施计划施工造成的停电。

业扩工程施工：供电企业组织的业扩工程和用户工程施工安排的停电。

市政工程建设施工：为配合市政建设需要而安排的停电。

3. 用户申请停电

用户申请停电类包含用户计划申请停电和用户临时申请检修停电2 类。其分类及编码如图 5-14 所示。

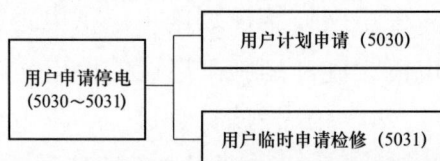

图 5-14　用户申请停电分类及编码

用户计划申请：用户设施检修、改造等工作的需要，按规定程序提出申请并在 7 日前得到批准而影响其他用户的停电。

用户临时申请检修：用户设施检修、改造等工作的需要，事先无正式计划安排，但在 6h（或按供电合同要求的时间）以前按规定程序经过批准并通知其他相关主要用户的停电。

4. 有序用电

有序用电：在电力供应不足、突发事件等情况下，依法控制部分用电需求，确保供用电秩序平稳的停、限电工作。

5. 调电

调电指由于检修、施工作业或故障处理而对运行方式调整造成的用户停电。

二、注意事项

多种原因叠加或连锁反应导致的故障停电，责任原因应按直接原因填写。例如雷击导致用户设备故障引起公用线路停电，责任原因属于"用户影响"，不是"雷击"。用户电缆与公用电缆同沟敷设，由于用户电缆着火引燃公用电缆导致故障停电，责任原因属于"其他外力因素"，不是"用户影响"。

供电企业直接组织或由其管理的转包工程施工造成的故障停电，属于"运行管理不当"，不是"外部施工影响"。

树线矛盾为"运维巡视不到位"或"消缺整改不及时"，不能定为"异物短路"或"气候因素"

"责任原因不清"归入"运行维护"类，为促进查找故障原因，减少原因不清的故障停电事件。

不同电压等级同一类原因的变电站内综合检修工作，按照最高电压等级的责任原因填报。

同一责任部门单次停电同时进行检修、施工、业扩等多项工作的，停电责任原因按照停电时间最长的类别填报。

注意：单次停电开展综合停电管理，多项工作结束时间不同，如停电范围大的工作先结束作业，而停电范围小的工作后结束作业，依然按照停电时间最长的类别填报。

系统电源不足造成有序用电的包括发电机装机容量不足、缺煤、缺水等情况造成的电厂出力不足，电源不足，属于预安排停电性质。

由于电力系统中发电机组故障而造成的未能在 6h（或按供电合同要求的时间）以前通知主要用户的停电，不属于有序用电，应为"发电设施故障"停电。停电状态为"外部故障"停电。

临时停电处理危急缺陷，如未能在 6h（或按供电合同要求的时间）前得到调度批准并通知主要用户的停电，应属于"故障停电"，不是"临时检修"。

供电系统异常等原因造成的停电，不属于"有序用电"应为"故障停电"。

施工抛物造成故障停电的应属于"外部施工影响"，不是"异物短路"或"其他外力因素"。

第六节　运行事件技术原因判断

停电技术原因在实际运维管理中包含了事件发生的根本原因和事件最终结果，但是在供电可靠性运行数据录入时，技术原因应选择引发停电实际的根本原因，这样统计结论更能反映出实际技术问题，进一步利于开展供电可靠性分析。

技术原因判断：

（1）10kV 馈线系统设施及以上设施故障仅选择相应设施故障。技术原因主要侧重故障发生的技术现象，不追究故障发生过程和深层的原因。

（2）配电网设施故障按照直接造成故障停电的技术原因选择。

例如：车辆撞杆造成电杆倾斜、导线断裂的故障，停电设备应选择杆塔，停电技术原因为倾斜。

（3）10kV 馈线系统及以上设施故障，技术原因应选择相应等级设施故障选项。

例如：变电站 110kV 设备故障造成配电线路停电的技术原因应选择 110kV 输变电设施故障。

第七节　不停电运行事件

一、不停电运行事件分类

不停电运行事件包括带电作业、不停电倒负荷和临时供电。

（1）带电作业。起始时间和终止时间为工作起始时间和终止时间。如发生用户停电事件，不能视为带电作业，应录入停电运行事件。

（2）不停电倒负荷工作。起始时间和终止时间选取调度操作票中记录的倒负荷操作开始时间与倒负荷操作结束时间。

（3）临时供电。起始时间和终止时间选取调度操作票或相关运行记录中的临时供电开始时间和终止时间。

二、不停电运行事件的录入要求

不停电运行事件的录入要求：

（1）不停电运行事件的录入与停电运行事件要求基本一致。不停电事件码、责任原因、作业设备等都需要填写。

（2）选取"不停电范围"应按照不停电工作最小范围选取。

（3）不停电责任原因与停电运行事件责任原因相同。

（4）备注内要说明具体工作内容或工作原因。

第八节　运行数据维护注意事项

供电可靠性管理力求规范、准确，运行数据的填报尽力贴近实际情况。本节归纳了工作中的常见问题，并指出需要注意的特殊事项。

一、运行数据录入注意事项

（1）不同责任部门多单位申请的综合检修停电事件，在录入时，不能在中压运行数据录入和多单位分担事件中同时录入，只能按需要选择一种方式录入。如果两种方式都进行录入，则会增加停电次数，影响统计指标。如由供电企业可靠性专责维护主要责任部门按照工作时间最长的部门选择，在数据填报时按照工作时间最长的工作内容填写责任原因等信息项。

（2）跨年、跨月的停电按照实际停送电时间录入。如果在系统锁定前还未恢复送电，停电终止先录入为月末最后一天24:00，同时向上级单位反馈该情况，待线路送电后再修改停电终止时间；如修改运行数据后生成非正式数据，需及时完成审批流程。

（3）专用用户在一段时期内不带负荷时，如一些农用排灌专用变压器，农闲期间将高压开关（跌落式熔断器）拉开备用；企业因节假日或市场萎靡等原因停止生产；路灯专用变压器按照当地路灯投运时间范围内，不带负荷或其他零负荷情况，可以不计为停电状态。

公用用户如果确由用户提出申请，供电企业与用户签有停电协议，可以不计为停电状态，否则仍需计为停电。

（4）外部影响为本单位以外的其他单位、电网的预安排和故障停电影响。包括发电机组原因的预安排和故障停机、发电厂所属输变电设备预安排和故障停电造成的电厂出力不够而导致的有序用电。

（5）所属本单位电网内但非本单位责任原因影响。如：电网设施因交通车辆破坏、电网设施因被盗窃破坏、外部施工影响等为内部故障停电。

（6）通过负荷转移或其他措施未造成其所带低压用户停电，不视为对用户停电。但从变压器停电发生至通过负荷转供或其他措施恢复低压供电之间的时间必须按照中压配电变压器的停电事件统计。

（7）两台或多台变压器并列运行供电，在不影响用户供电的前提下为降低变压器损耗而停运其中某台（或多台）变压器的情况，不视为对用户停电，该变压器停电事件不纳入统计。

（8）配电变压器单相停电不视为停电状态。

（9）中压配电变压器停电，期间低压用户未停电，该变压器停电不纳入统计。

（10）用户由两路及以上供电线路同时供电，其中一路停运而不降低用户的供电容量时，不予统计。如一路线路停运而降低用户供电容量时，应计停电一次，停电用户数为受其影响的用户数，停电容量为减少的供电容量，停电时间按等效停电时间计算。

二、供电可靠性管理信息系统运行数据维护注意事项

（1）删除功能只能用于删除录入错误的事件，一旦删除，不能恢复。

（2）经过上一级供电可靠性管理人员锁定的数据，修改后会自动生成非正式数据，上一级供电可靠性管理人员审批通过，非正式数据才能变为正式数据，在审批之前，非正式数据不会对正式数据造成影响，且不参与统计计算。

（3）删除已被锁定的运行数据，系统将提示会成为非正式数据，正式数据中该运行数据还将保留，需要经过审批通过后才会正式被删除。

（4）在锁定范围内增加的运行数据也是非正式数据，在正式数据中不显示，也需要经过审批通过后才能成为正式数据。

（5）运行事件停电终止时间要早于当前系统时间。

（6）修改停电事件起始时间需要选中"修改所有线段"，下面的线段和用户的起始时间才能一起修改。

（7）修改停电事件的终止时间，如未选"修改所有线段"，下面的线段和用户的终止时间不会同步变动，事件的终止时间不能早于下面线段和用户的终止时间。

（8）批量修改线段、用户送电时间，主要应用于分步送电工作，可以一次操作完成对多条线段或多个用户的停电终止时间的修改工作。

（9）因施工改造而发生的线段和用户变更，应在改造日期先录入运行数据，再进行变更操作，其变更日期应比实际停电日期滞后一天。

（10）选取单段或多段线段，点击修改线段，可以对线段终止时间进行修改，但线段终止时间不能超过事件停电终止时间。

（11）在录入运行数据时，应在备注中对该事件用文字进行补充说明和完善。

（12）各单位对带电作业的录入，需与配电专业的月度统计相一致。

第九节　运行数据维护案例

一、10kV 馈线系统停电

某修试管理处 2023 年 10 月 26 日计划开展某变电站 913 柳塔线间隔设备 C 类检修，停电时间为 09:30，送电时间为 12:00。具体信息见表 5-1。

表 5-1　　　　　　　　　10kV 馈线系统停电

责任部门	停电起始时间	停电终止时间	停电性质	停电设备	停电技术原因	停电责任原因	特殊分析	备注	停电范围
某修试管理处	2023 年 10 月 26 日 09:30	2023 年 10 月 26 日 12:00	计划检修停电	10kV 馈线设备	—	10kV 馈线系统设施检修	常规	913 柳塔线间隔设备 C 类检修	913 全线

二、计划检修停电

2023 年 5 月 27 日某供电分公司计划对景观河变电站 10kV 91902 线段的和泽苑 1、2、3 号箱式变压器进行清扫消缺，停电时间为 08:41，送电时间为 11:51。具体信息见表 5-2。

三、计划施工停电

2023 年 8 月 27 日某供电分公司计划将青春山变电站 10kV 9260306

线段污水厂开关站进行改造，停电时间为 08:57，送电时间为 17:17。具体信息见表 5-3。

表 5-2　　　　　　计 划 检 修 停 电

责任部门	停电起始时间	停电终止时间	停电性质	停电设备	停电技术原因	停电责任原因	特殊分析	备注	停电范围
某供电分公司	2020年5月27日08:41	2020年5月27日11:51	计划检修停电	箱式配电站	—	10kV配电网设施计划检修	常规	和泽苑1、2、3号箱式变压器清扫工作	和泽苑1、2、3号箱式变压器

表 5-3　　　　　　计 划 施 工 停 电

责任部门	停电起始时间	停电终止时间	停电性质	停电设备	停电技术原因	停电责任原因	特殊分析	备注	停电范围
某供电分公司	2023年8月27日08:57	2023年8月27日17:17	计划施工停电	开关站	—	10kV配电网设施计划施工	配电网改造	改造污水厂开关站	9260306线段

注　施工停电录入运行事件后，应对其基础数据进行修改。

四、外部计划施工停电

某发电厂通过变电站接入某供电公司电网，2023 年 7 月 4 日某发电厂 1、2 号机计划与系统解网，7:00 大桥变电站停电，配合某发电厂 1、2 号机解网，22:31 大桥变电站送电。具体信息见表 5-4。

表 5-4　　　　　　外 部 计 划 施 工 停 电

责任部门	停电起始时间	停电终止时间	停电性质	停电设备	停电技术原因	停电责任原因	特殊分析	备注	停电范围
某供电公司	2023年7月4日7:00	2023年7月4日22:31	外部计划施工停电	发电设备	—	外部电网建设施工停电	常规	某发电厂1、2号机与系统解网	大桥变电站全站

五、用户申请停电

2023 年 7 月 16 日用户申请停电消缺，需将 35kV 312 供暖线停电，造成 35kV 供暖变压器及 10kV 出线停电；停电时间为 08:05，送电时间为 14:21。具体信息见表 5-5。

表 5-5 　　　　　用 户 申 请 停 电

责任部门	停电起始时间	停电终止时间	停电性质	停电设备	停电技术原因	停电责任原因	特殊分析	备注	停电范围
某供电分公司	2023 年 7 月 16 日 08:05	2023 年 7 月 16 日 14:21	用户计划申请停电	35kV 输变电设备	—	用户计划申请停电	常规	用户申请 312 供暖线消缺、涉及 10kV 线路陪停	供暖变压器的 10kV 出线

　注　责任部门为线路管理部门。用户申请停电，引起其他用户停电，则需要录入其他用户的停电事件；若只影响用户自己则不统计该事件。

六、用户故障停电

2023 年 11 月 03 日 11:43 某变电站 10kV 922 线路跳闸，全线用户停电，经查为档案展览馆支线 B、C 相电缆终端接头短路（用户设备）导致线路跳闸，将此用户隔离后，12:23 送电。具体信息见表 5-6。

表 5-6 　　　　　用 户 故 障 停 电

责任部门	停电起始时间	停电终止时间	停电性质	停电设备	停电技术原因	停电责任原因	特殊分析	备注	停电范围
某供电分公司	2021 年 11 月 3 日 11:43	2021 年 11 月 3 日 12:23	内部故障停电	用户设备	短路	用户影响	常规	用户设备故障，档案展览馆支线电缆 C 相绝缘异常	922 全线

　注　责任部门为线路管理部门。用户故障停电，引起其他用户停电，则需要录入其他用户的停电事件；若只影响用户自己则不统计该事件。

七、故障停电

2023 年 4 月 24 日 16:54 某变电站 922 线故障停电，供电分公司运维人员检查发现主干线 5~6 号杆裸导线被车辆误碰，于 18:07 恢复送电。具体信息见表 5-7。

表 5-7 故 障 停 电

责任部门	停电起始时间	停电终止时间	停电性质	停电设备	停电技术原因	停电责任原因	特殊分析	备注	停电范围
某供电分公司	2023 年 4 月 24 日 16:54	2023 年 4 月 24 日 18:07	内部故障停电	裸导线	短路	交通车辆破坏	常规	5~6 号杆裸导线车辆误碰	922 线器

八、分支检修停电

2023 年 4 月 23 日某变电站 928 线主干线 90 号杆开关之后线段检修停电，运维人员于 09:31 拉开分支开关，21:50 恢复送电。具体信息见表 5-8。

表 5-8 分 支 检 修 停 电

责任部门	停电起始时间	停电终止时间	停电性质	停电设备	停电技术原因	停电责任原因	特殊分析	备注	停电范围
某供电分公司	2023 年 4 月 23 日 09:31	2023 年 4 月 23 日 21:50	计划检修停电	架空线路	—	10kV 配电网设施检修	常规	某变电站 928 线 90 号开关负荷侧检修	90 号开关负荷侧用户

九、单台变压器停电

2023 年 8 月 17 日 08:40 某变电站 928 线桥头村公用变压器（柱上变压器）检修停电，11:56 恢复送电。具体信息见表 5-9。

十、分步送电停电

2023 年 2 月 14 日 10:00 某变电站 925 线路跳闸，重合成功，同时 71 号环网柜动作跳闸，线段 92505 及以后用户停电。经检查发现 71 号环网柜母线故障，10:15，线段 9250501 及以后线段送电，11:15，线段 9250502 送电，12:15 其余线段送电。具体信息见表 5-10。

表 5-9　　　　　　　　单台变压器停电事件录入案例

责任部门	停电起始时间	停电终止时间	停电性质	停电设备	停电技术原因	停电责任原因	特殊分析	备注	停电范围
某供电分公司	2023 年 8 月 17 日 08:40	2023 年 8 月 17 日 11:56	计划检修停电	户外配电变压器台	—	10kV 配电设施计划检修	常规	桥头村公用变压器检修	桥头村公用变压器

表 5-10　　　　　　　　中压分步送电停电录入案例

责任部门	该事件停电起止时间	各线段停电起始时间	停电终止时间	停电性质	停电设备	停电技术原因	停电责任原因	特殊分析	停电范围
某供电分公司	2023 年 2 月 14 日 10:00～ 12:15	10:00	10:15	内部故障停电	站内公用设备	异常	施工安装原因	常规	线段 9250501 的用户
		10:00	11:15						线段 9250502 的用户
		10:00	12:15						其余线段用户

注　按照最长停电时间选择全部停电范围录入停电事件，然后在中压线段与用户维护界面修改提前送电部分线段、用户的停电终止时间。分步送电只能按照 1 次停电事件统计。

十一、中压陪停线路停电

2023 年 7 月 11 日某变电站 9204 线路临时检修，9204 与 9117 线路同杆并架，9117 线路需要配合停电。9204 线路停电时间为 8:47，送电时间为当日的 13:44。具体信息见表 5-11。

十二、多单位综合检修停电

2023 年 3 月 30 日 07:38～21:15 某变电站 10kV 911、914 间隔 C 类检修，某修试管理处对 911、914 间隔检修，同时某供电分公司对 911、914 线进行检修，工作时间为 08:09～21:16。具体信息见表 5-12。

表 5-11　　　　　　　　　　中 压 陪 停 线 路 停 电

责任部门	停电起始时间	停电终止时间	停电性质	停电设备	停电技术原因	停电责任原因	特殊分析	停电范围
某分公司	2014 年 7 月 11 日 8:47	2014 年 7 月 11 日 13:44	临时检修停电	架空线路	—	10kV 配电网设施临时检修	常规	9204、9117 全线

　　注　陪停事件只能按 1 次停电事件录入，必须按照全部停电线路选择停电范围，如两条线路停送电时间不同，需按最长停电时间段录入，保存后再更改时间。

表 5-12　　　　　　　　　　多单位综合检修停电

责任部门	停电起始时间	停电终止时间	停电性质	停电设备	停电技术原因	停电责任原因	特殊分析	停电范围
某修试管理处	2023 年 3 月 30 日 07:38	2023 年 3 月 30 日 21:15	计划检修停电	10kV 馈线系统	—	10kV 馈线系统设施计划检修	常规	911、914 全线
某供电分公司	2023 年 3 月 30 日 08:09	2023 年 3 月 30 日 21:16	内部计划检修停电			10kV 配电网设施计划检修		

　　注　检修时间最长的部门为主要责任部门，在数据填报时列第一位，所有部门按照实际工作时间录入，选项信息按照该部门工作填写，其他部门的工作时间按照各部门的实际工作时间填写。停送电时间按照开关设备操作完成时间录入。

十三、危急缺陷处理停电

2023 年 7 月 6 日，19:00 某供电分公司运维人员巡视发现危急缺陷：湖滨鄂道开关站 TV 老化放电，需要立即停电处理，经汇报批准，19:29 停电处理，20:30 处理完毕送电。具体信息见表 5-13。

表 5-13　　　　　　　　　　危 急 缺 陷 处 理 停 电

责任部门	停电起始时间	停电终止时间	停电性质	停电设备	停电技术原因	停电责任原因	特殊分析	停电范围
某供电分公司	2021 年 7 月 6 日 19:29	2021 年 7 月 6 日 20:30	内部故障停电	站（柜）内公用设备	异常	设备老化	常规	湖滨鄂道开关站

　　注　本事件从向调度提出申请到停电处理未达到 6h，停电状态为"内部故障停电"。

十四、跨月度停电

2023 年 7 月 31 日 21:41，某变电站 952 线路因避雷器被雷击击穿，导致故障停电，8 月 1 日 9:08 故障处理完毕恢复送电。具体信息见表 5-14。

表 5-14　　　　　　　　　跨 月 度 停 电

责任部门	停电起始时间	停电终止时间	停电性质	停电设备	停电技术原因	停电责任原因	特殊分析	停电范围
某分公司	2014 年 7 月 31 日 21:41	2014 年 7 月 31 日 23:59（暂时）	内部故障停电	避雷器	击穿	雷害	常规	952 全线
市区分公司	2014 年 7 月 31 日 21:41	2014 年 8 月 1 日 9:08（待工作完成后进行修改）	内部故障停电	避雷器	击穿	雷害	常规	952 全线

注　跨月度停电事件的时间与正常运行事件的时间填报方式相同，只是在录入运行事件停电起始时间后，将停电终止时间进行跨月，待下月工作完成后再对停电终止时间进行修改。

十五、故障扩大停电

2023 年 11 月 2 日 9:00 某变电站 9108 线路某配电变压器因设备质量问题发生短路故障；同时变电站因检修问题导致保护拒动，故障越级造成该变电站 1 号主变压器及 10kV Ⅰ母及出线跳闸。9:30 变电站 1 号主变压器及 10kV Ⅰ母及出线送电,12:20 故障处理完毕 9208 线送电。具体信息见表 5-15。

表 5-15　　　　　　　　　故 障 扩 大 停 电

责任部门	停电起始时间	停电终止时间	停电性质	停电设备	停电技术原因	停电责任原因	特殊分析	停电范围
某供电分公司	2023 年 11 月 2 日 9:00	2023 年 11 月 2 日 12:20	内部故障停电	变压器	短路	产品质量不良	常规	9108 全线

续表

责任部门	停电起始时间	停电终止时间	停电性质	停电设备	停电技术原因	停电责任原因	特殊分析	停电范围
修试管理处	2023年11月2日9:00	2023年11月2日9:30	内部故障停电	10kV馈线设备	10kV馈线系统故障	10kV馈线系统设施故障	常规	除9108线外变电站10kVⅠ母的出线

注　故障扩大事件在故障录入时应按照两次停电事件录入，责任部门分为供电分公司和变电检修部门。

十六、倒负荷停电

2023年8月3日，某供电分公司将某变电站918线由青春山变电站927线带出。15:17将某变918线1号公用开关站956间隔由运行转冷备用，15:26某变918线4号公用开关站951间隔由冷备用转运行。具体信息见表5-16。

表5-16　　　　　倒 负 荷 停 电

责任部门	停电起始时间	停电终止时间	停电性质	停电设备	停电技术原因	停电责任原因	特殊分析	停电范围
某供电分公司	2023年8月3日15:17	2023年8月3日15:26	调电	开关站	—	计划调电	常规	918线

注　按最长停电时间录入停电终止时间，每条10kV线路送电时间不同，将终止时间进行修改。

十七、有序用电

2023年11月12日，110kV某变电站2号变压器检修停电，全站负荷由1号变压器接带，造成1号变压器过负荷，需对10kV配电线路用户有序用电。9:00将该变电站10kV线路393、399断路器拉开，待负荷高峰下降后，12:00合上10kV线路393、399断路器，恢复供电。具体信息见表5-17。

表5-17 有 序 用 电

责任部门	停电起始时间	停电终止时间	停电性质	停电设备	停电技术原因	停电责任原因	特殊分析	停电范围
某供电分公司	2023年11月12日9:00	2023年11月12日12:00	有序用电	110kV输变电设备	—	有序用电	常规	393、399断路器

十八、带电作业

2023年1月19日某供电分公司某变电站921线开展变压器带电紧固引流线工作。15:32开始工作，15:53工作结束。具体信息见表5-18。

表5-18 带 电 作 业

责任部门	不停电起始时间	不停电终止时间	不停电事件码	作业设备	停电技术原因	停电责任原因	特殊分析	停电范围
某供电分公司	2023年1月19日15:32	2023年1月19日15:53	带电作业	变压器高压引线	—	10kV配电网设施检修	常规	921线

注 起始时间为带电作业开始与结束时间。停电范围为线路最小停电范围。

十九、不停电倒电

2023年8月31日某供电分公司青春山变电站915线合解环操作将负荷由寨子塔变电站915线转带。15:58开始工作，16:00工作结束。具体信息见表5-19。

表5-19 不 停 电 倒 电

责任部门	不停电起始时间	不停电终止时间	不停电事件码	作业设备	技术原因	责任原因	特殊分析	作业范围
某供电分公司	2023年8月31日15:58	2023年8月31日16:00	不停电倒电	开关站	—	计划调电	常规	915线

二十、临时供电

2023年9月26日某供电分公司警泰苑箱式变压器更换变压器，

使用低压发电机发电。09:01 开始发电，15:00 工作结束。具体信息见表 5-20。

表 5-20　　　　　　　临　时　供　电

责任部门	不停电起始时间	不停电终止时间	不停电事件码	作业设备	技术原因	责任原因	特殊分析	工作范围
某供电分公司	2023 年 9 月 26 日 09:01	2023 年 9 月 26 日 15:00	临时供电	箱式配电站	—	10kV 配电网设施计划施工	常规	警泰苑箱式变压器

二十一、综合作业，停电期间开展临时转供电作业

2023 年 12 月 1 日 110kV 查布变电站（单线单变）检修，造成该变电站全站停电，以及该变电站 35kV 侧的 35kV 布拉格变电站全站停电。运行方式如图 5-15 所示。

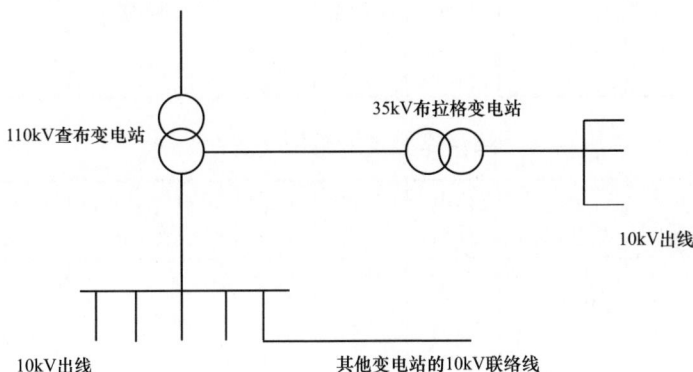

图 5-15　运行方式

08:00 110kV 查布变电站 35kV 及 10kV 出线停电。

08:00～08:30 某供电分公司通过其他变电站的 10kV 联络线的开关站反带查布变电站 10kV 母线，完成 110kV 查布变电站的 10kV 出线恢复供电操作。

10:30 110kV 查布变电站 35kV 侧送电。

10:30～11:00 110kV 查布变电站 10kV 侧先停后倒，恢复原运行方式。

综合作业录入案例见表 5-21～表 5-23。

表 5-21 综合作业录入案例（一）

责任部门	停电起始时间	停电终止时间	停电性质	作业设备	停电技术原因	停电责任原因	特殊分析	停电范围
某修试管理处	2023年12月1日08:00	2023年12月1日10:30	计划检修停电	110kV输变电设备	—	110kV设施检修	常规	35kV布拉格变电站的10kV出线

表 5-22 综合作业录入案例（二）

责任部门	停电起始时间	停电终止时间	停电性质	停电设备	停电技术原因	停电责任原因	特殊分析	停电范围
某供电分公司	2023年12月1日08:00	2023年12月1日08:30	调电	10kV母线系统设施	—	计划调电	常规	110kV查布变电站的10kV出线

表 5-23 综合作业录入案例（三）

责任部门	停电起始时间	停电终止时间	停电性质	停电设备	停电技术原因	停电责任原因	特殊分析	停电范围
某供电分公司	2023年12月1日10:30	2023年12月1日11:00	调电	开关站	—	计划调电	常规	110kV查布变电站的10kV出线

第六章

配电网设施可靠性基础知识

第一节　配电网设施可靠性统计对象及供电状态分类

一、统计对象

配电网设施是指安装在中低压配电网中，用以实现电能传输、变换及分配功能的一组器件或设备集群，配电网设施可分为中压配电网设施、低压配电网设施两类。

中压配电网设施是指各变电站（发电厂）10（6、20）kV出线母线侧隔离开关开始至配电变压器低压侧出线套管为止范围内的配电网设施，中压配电网设施应分为架空线路、电缆线路、柱上设备、户外配电变压器台、配电站、开关站及中压直流配电设施七类。

低压配电网设施是指由配电变压器低压侧出线套管外引线开始至低压用户的计量收费点或管理分界点为止范围内的配电网设施，应分为低压交流配电网设施及低压直流配电网设施两类。

二、状态分类

配电网设施可靠性评价对象的使用状态应分为可用状态及不可用状态两类，配电网设施可靠性评价状态分类及序号如图 6-1 所示。

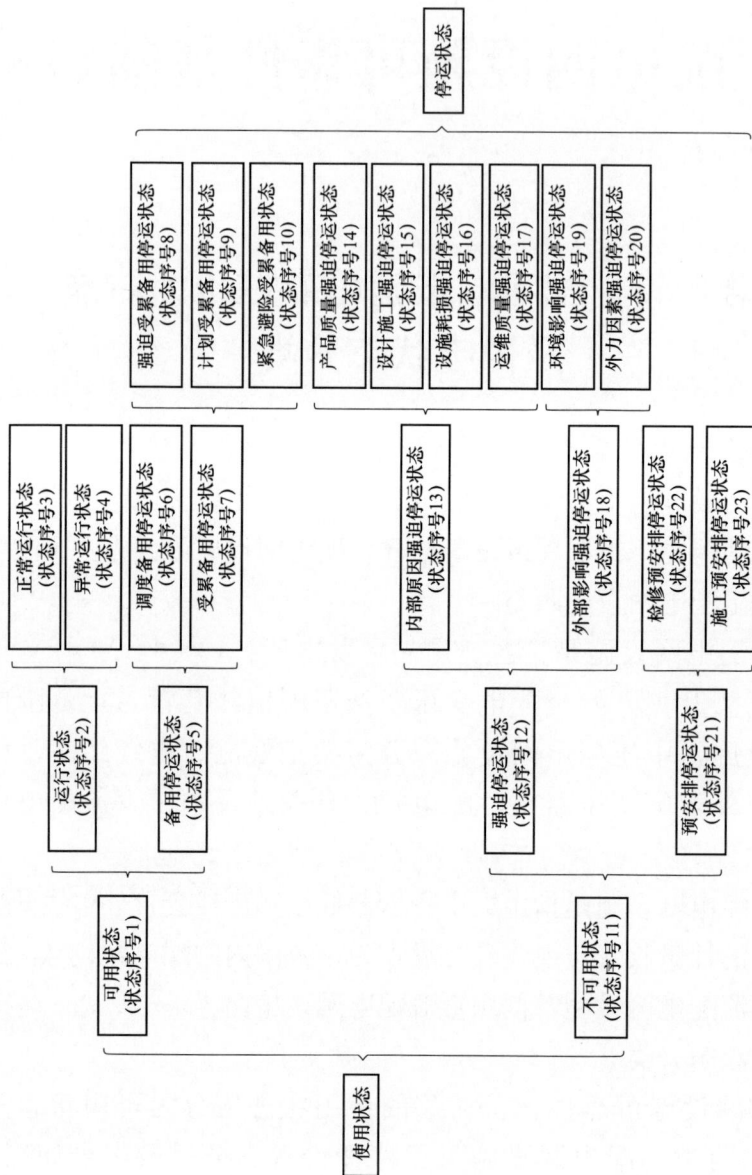

图 6-1　配电网设施可靠性评价状态分类及序号

第二节　配电网设施可靠性评价指标与统计方法

为了对配电网设施可靠性进行评价，首先必须建立评价的指标体系，以量化指标作为整个分析评价的基础和依据。指标体系应满足如下原则：能够反映电网结构、设施装备和管理水平的高低，能够反映配电网设施健康水平和配电网运行各环节状况，可以从供电系统及设备运行的历史数据中计算出来。

根据配电网设施可靠性评价指标具有如下特点：以设施的使用状态为基础，以可以量度的运行状态、备用停运状态、强迫停运状态、预安排停运状态等为基本统计要素，根据供电服务质量的需要，设备分类及停电的性质进行指标分类，采取平均值管理的方式进行统计评价。配电网设施可靠性评价指标应分为频次类指标、时间类指标及比例类指标三类。

一、频次类指标

1. 平均停运率

在评价期间内，平均每个配电网设施同一类停运状态的停运总次数，记作 AOF_k ［次/台（千米、条等）］，如式（6-1）所示。

$$AOF_k = \frac{F_k}{N} = \frac{\text{评价期间内某类停运状态的总累积次数}}{\text{评价期间内等效设施数}} \quad (6-1)$$

式中　　AOF_k——平均第 k 类停运状态停运率；

　　　　k——该类停运状态的序号，$5 \leqslant k \leqslant 23$；

　　　　F_k——评价期间内第 k 类停运状态的总累积次数，次；

　　　　N——评价期间内等效设施数。

2. 平均停运停电率

在评价期间内，平均每个配电网设施停运同时引起用户停电的停运总次数，记作 $AOFI_k$ ［次/台（千米、条等）］，如式（6-2）所示。

$$\mathrm{AOFI}_k = \frac{F_{\mathrm{I},k}}{N} = \frac{评价期间内某类停运同时引起用户停电的总累积次数}{评价期间内等效设施数}$$

$$(6\text{-}2)$$

式中　AOFI_k——平均第 k 类停运状态停运停电率；

　　　　k——该类停运状态的序号，$5 \leqslant k \leqslant 23$；

　　　　$F_{\mathrm{I},k}$——评价期间内第 k 类停运同时引起用户停电的总累积次数，次；

　　　　N——评价期间内等效设施数。

二、时间类指标

1. 平均停运时间

在评价期间内，平均每个配电网设施同一停运状态的持续时间，记作 AOD_k [小时/台（千米、条等）]，如式（6-3）所示。

$$\mathrm{AOD}_k = \frac{T_k}{N} = \frac{评价期间内某类停运状态的总累积时间}{评价期间内等效设施数} \quad (6\text{-}3)$$

式中　AOD_k——平均第 k 类停运状态停运时间；

　　　　k——该类停运状态的序号，$5 \leqslant k \leqslant 23$；

　　　　T_k——评价期间内第 k 类停运状态的总累积时间，h；

　　　　N——评价期间内等效设施数。

2. 平均停运停电时间

在评价期间内，平均每个配电网设施同一类停运状态的停运同时引起用户停电的停运持续时间，记作 AOID_k [小时/台（千米、条等）]，如式（6-4）所示。

$$\mathrm{AOID}_k = \frac{T_{\mathrm{I},k}}{N}$$

$$= \frac{评价期间内某类停运同时引起用户停电的停运总累积时间}{评价期间内等效设施数}$$

$$(6\text{-}4)$$

式中　AOID_k——平均第 k 类停运状态停运时间；

　　　　k——该类停运状态的序号，$5 \leqslant k \leqslant 23$；

$T_{\mathrm{I},k}$——评价期间内第 k 类停运同时引起用户停电的停运总累积时间，h；

N——评价期间内等效设施数。

3. 停运平均持续时间

在评价期间内，平均每次停运的持续时间，记作 TOD_k（h/次），如式（6-5）所示。

$$\mathrm{TOD}_k = \frac{T_k}{F_k} = \frac{\text{评价期间内某类停运状态的总累积时间}}{\text{评价期间内某类停运状态的总累积次数}} \quad (6\text{-}5)$$

式中　TOD_k——平均第 k 类停运状态持续时间；

　　　k——该类停运状态的序号，$5 \leqslant k \leqslant 23$；

　　　T_k——评价期间内第 k 类停运状态的总累积时间，h；

　　　F_k——评价期间内第 k 类停运状态的总累积次数，次。

4. 停运停电平均持续时间

在评价期间内，平均每次停运同时引起用户停电的停运持续时间，记作 TOID_k（h/次），如式（6-6）所示。

$$\mathrm{TOID}_k = \frac{T_{\mathrm{I},k}}{F_{\mathrm{I},k}}$$

$$= \frac{\text{评价期间内某类停运同时引起用户停电的停运总累积时间}}{\text{评价期间内某类停运同时引起用户停电的停运总累积次数}}$$

$$(6\text{-}6)$$

式中　TOID_k——平均第 k 类停运状态停运停电平均持续时间；

　　　k——该类停运状态的序号，$5 \leqslant k \leqslant 23$；

　　　$T_{\mathrm{I},k}$——评价期间内第 k 类停运同时引起用户停电的停运总累积时间，单位为小时；

　　　$F_{\mathrm{I},k}$——评价期间内第 k 类停运同时引起用户停电的停运总累积次数，单位为次。

5. 平均停运间隔时间

在评价期间内，平均两次停运之间的间隔时间，记作 TADO_k（h/次），如式（6-7）所示。

$$TADO_k = \frac{T_1}{F_k+1} = \frac{评价期间可用状态总累积时间}{评价期间内某类停运状态的总累积次数+1} \quad （6-7）$$

式中　$TADO_k$ ——平均第 k 类停运状态停运间隔时间；

　　　　k ——该类停运状态的序号，$5 \leqslant k \leqslant 23$；

　　　　T_1 ——评价期间可用状态总累积时间，h；

　　　　F_k ——评价期间内第 k 类停运状态的总累积次数，次。

6. 平均停运停电间隔时间

在评价期间内，平均两次停运同时引起用户停电之间的间隔时间，记作 $TADOI_k$（h/次），如式（6-8）所示。

$$TADOI_k = \frac{T_1}{F_{1,k}+1}$$

$$= \frac{评价期间可用状态总累积时间}{评价期间内某类停运状态同时引起用户停电的总累积次数+1}$$

$$（6-8）$$

式中：$TADOI_k$ ——平均第 k 类停运状态停运间隔时间；

　　　　k ——该类停运状态的序号，$5 \leqslant k \leqslant 23$；

　　　　T_1 ——评价期间可用状态总累积时间，h；

　　　　$F_{1,k}$ ——评价期间内第 k 类停运状态同时引起用户停电的
　　　　　　　　总累积次数，次。

三、比例类指标

1. 可用系数

在评价期间内，可用状态累积时间占评价期间使用时间的比值，记作 AF，如式（6-9）所示。

$$AF = \frac{T_1}{PAT} \times 100\% = \frac{评价期间可用状态总累积时间}{评价期间使用时间} \times 100\% \quad （6-9）$$

式中　AF ——可用系数；

　　　　T_1 ——评价期间可用状态总累积时间，h；

　　　　PAT ——评价期间使用时间，h。

2. 运行系数

在评价期间内，运行状态累积时间占评价期间使用时间的比值，记作 SF，如式（6-10）所示。

$$SF = \frac{T_2}{PAT} \times 100\% = \frac{评价期间运行状态总累积时间}{评价期间使用时间} \times 100\% \quad （6-10）$$

式中　SF ——运行系数；

T_2 ——评价期间运行状态总累积时间，h；

PAT ——评价期间使用时间，h。

3. 异常运行系数

在评价期间内，异常运行状态累积时间占运行状态累积时间的比值，记作 ASF，如式（6-11）所示。

$$ASF = \frac{T_4}{T_2} \times 100\% = \frac{评价期间异常运行状态总累积时间}{评价期间运行状态总累积时间} \times 100\% \quad （6-11）$$

式中　ASF ——异常运行系数；

T_4 ——评价期间异常运行状态总累积时间，h；

T_2 ——评价期间运行状态总累积时间，h。

4. 暴露率

在评价期间内，运行状态累积时间占可用状态累积时间的比值，记作 ER，如式（6-12）所示。

$$ER = \frac{T_2}{T_1} \times 100\% = \frac{评价期间运行状态总累积时间}{评价期间可用状态总累积时间} \times 100\% \quad （6-12）$$

式中　ER ——暴露率；

T_2 ——评价期间运行状态总累积时间，h；

T_1 ——评价期间可用状态总累积时间，h。

5. 停运系数

在评价期间内，停运状态累积时间占评价期间使用时间的比值，记作 OF_k，如式（6-13）所示。

$$OF_k = \frac{T_k}{PAT} \times 100\% = \frac{\text{评价期间内某类停运状态的总累积时间}}{\text{评价期间使用时间}} \times 100\%$$

$$\text{（6-13）}$$

式中　OF_k——第 k 类停运状态停运系数；

　　　k——该类停运状态的序号，$5 \leqslant k \leqslant 23$；

　　　T_k——评价期间内第 k 类停运状态的总累积时间，h；

　　PAT——评价期间使用时间，h。

6. 停运停电系数

在评价期间内，停运同时引起用户停电的停运状态累积时间占评价期间使用时间的比值，记作 OIF_k，如式（6-14）所示。

$$OIF_k = \frac{T_{L,k}}{PAT} \times 100\%$$

$$= \frac{\text{评价期间内某类停运状态同时引起用户停电的总累积时间}}{\text{评价期间使用时间}} \times 100\%$$

$$\text{（6-14）}$$

式中　OIF_k——第 k 类停运状态停运停电系数；

　　　k——该类停运状态的序号，$5 \leqslant k \leqslant 23$；

　　　$T_{L,k}$——评价期间内第 k 类停运状态同时引起用户停电的总累积时间，h；

　　PAT——评价期间使用时间，单位为小时。

四、指标计算方法

以上公式适用于配电网设施单个组成设备可靠性评价指标的计算，将公式的分子及分母分别调整为配电网设施组成设备分子累积和及分母累积和，即得到对应配电网设施可靠性指标，如式（6-15）所示。

$$\text{配电网设施可靠性评价指标}(I_m) = \frac{\sum jA_{m,j}}{\sum jB_{m,j}}$$

$$= \frac{\text{组成设备实际数量与每个组成设备的每项评价指标对应分子计算值乘积之和}}{\text{组成设备实际数量与每个组成设备的每项评价指标对应分母计算值乘积之和}}$$

$$\text{（6-15）}$$

式中　I_m——配电网设施第 m 项可靠性评价指标，$1 \leqslant m \leqslant 14$；

　　　j——配电网设施组成设备实际数量；

　　　$A_{m,j}$——配电网设施第 j 个组成设备的第 m 项可靠性评价指标对应分子计算值；

　　　$B_{m,j}$——配电网设施第 j 个组成设备的第 m 项可靠性评价指标对应分母计算值。

第三节　配电网设施可靠性指标综合计算示例

选取某供电公司城中开关站为评价对象，计算其配电网设施可靠性评价指标。城中开关站的组成设备包括 2 台进线断路器、4 台进线隔离开关、4 台出线负荷开关，评价期间时间为 2021 年全年共 8760h，2021 年城中开关站组成设备停运事件情况见表 6-1。

表 6-1　　　　　2021 年城中开关站组成设备停运事件情况

序号	配电网设施名称	设施编号	投运时间	停运起始时间	停运终止时间	停电用户数	配电网设施状态分类	设备原因（管理代码）	技术原因	责任原因
1	1 号进线断路器	90070010	2010 年7 月1 日	2021 年8 月1 日10:00	2021 年8 月1 日11:30	100	产品质量强迫停运状态	断路器	操动机构不灵	产品质量原因
2	1 号进线隔离开关 1	90070050	2010 年7 月1 日	2021 年8 月1 日10:00	2021 年8 月1 日11:30	100	强迫受累备用状态	隔离开关	其他	
3	1 号进线隔离开关 2	90070051	2010 年7 月1 日	2021 年8 月1 日10:00	2021 年8 月1 日11:30	100	强迫受累备用状态	隔离开关	其他	

续表

序号	配电网设施名称	设施编号	投运时间	停运起始时间	停运终止时间	停电用户数	配电网设施状态分类	设备原因（管理代码）	技术原因	责任原因
4	2号进线隔离开关1	90070050	2010年7月1日	2021年1月5日13:09	2021年1月5日14:06	0	施工预安排停运状态	隔离开关	其他	10（20、6）kV配电网设施计划检修
5	4号出线负荷开关	90070021	2010年7月1日	2021年12月10日20:15	2021年12月10日21:35	0	检修预安排停运状态	负荷开关	绝缘不良	产品质量原因
6	6号出线负荷开关	90070023	2021年3月14日	2021年4月25日13:17	2021年4月25日15:06	60	环境影响强迫停运状态	负荷开关	短路	雷击
7	6号出线负荷开关	90070023	2021年3月14日	2021年9月7日14:09	2021年9月7日14:50	0	运维质量强迫停运状态	负荷开关	发热	产品质量原因
8	6号出线负荷开关	90070023	2021年3月14日	2021年12月1日10:00	2021年12月1日11:15	0	检修预安排停运状态	负荷开关	其他	10（20、6）kV配电网设施计划检修
9	6号出线负荷开关	90070023	2021年3月14日	2021年6月5日3:03	2021年6月5日4:15	0	施工预安排停运状态	负荷开关	其他	10（20、6）kV配电网设施计划施工

一、组成设备可靠性评价指标计算

城中开关站组成设备可靠性评价指标计算过程有关参数见表 6-2、城中开关站组成设备可靠性评价指标计算结果见表 6-3。本案例以 6 号出线负荷开关为例计算可靠性评价指标。

1. 计算过程有关参数

评价期间使用时间：$PAT=（2022/12/31-2021/3/14）\times 24=7008$（h）

等效设施数：$N=7008/8760=0.8$（台）

停运状态总累积次数：$F=1+1+1+1=4$（次）

停运停电总累积次数：$F_1=1$ 次

停运状态总累积时间：$T=1.82+0.68+1.25+1.20=4.95$（h）

停运停电总累积时间：$T_1=1.82$h

可用状态总累积时间：$T_1=7008-（1.82+0.68+1.25+1.20）=7003.05$（h）

运行状态总累积时间：$T_2=7008-（1.82+0.68+1.25+1.20）=7003.05$（h）

异常运行总累积时间：$T_4=0$h

2. 频次类指标计算

平均停运率：$AOF=\dfrac{F}{N}=\dfrac{4}{0.8}=5.00$（次/台）

平均停运停电率：$AOFI=\dfrac{F_1}{N}=\dfrac{1}{0.8}=1.25$（次/台）

3. 时间类指标计算

平均停运时间：$AOD=\dfrac{T}{N}=\dfrac{4.95}{0.8}=6.19$（h/台）

平均停运停电时间：$AOID=\dfrac{T_1}{N}=\dfrac{1.82}{0.8}=2.28$（h/台）

停运平均持续时间：$TOD=\dfrac{T}{F}=\dfrac{4.95}{4}=1.24$（h/次）

停运停电平均持续时间：$\mathrm{TOID} = \dfrac{T_1}{F_1} = \dfrac{1.82}{1} = 1.82(\mathrm{h}/\text{次})$

平均停运间隔时间：$\mathrm{TADO} = \dfrac{T_1}{F+1} = \dfrac{7003.05}{4+1} = 1400.61(\mathrm{h}/\text{次})$

平均停运停电间隔时间：$\mathrm{TADOI} = \dfrac{T_1}{F_1+1} = \dfrac{7003.05}{1+1} = 3501.53$

（h/次）

4. 比例类指标计算

可用系数：$\mathrm{AF} = \dfrac{T_1}{\mathrm{PAT}} \times 100\% = \dfrac{7003.05}{7008} \times 100\% = 99.929\%$

运行系数：$\mathrm{SF} = \dfrac{T_2}{\mathrm{PAT}} \times 100\% = \dfrac{7003.05}{7008} \times 100\% = 99.929\%$

异常运行系数：$\mathrm{ASF} = \dfrac{T_4}{T_2} \times 100\% = \dfrac{0}{7003.05} \times 100\% = 0\%$

暴露率：$\mathrm{ER} = \dfrac{T_2}{T_1} \times 100\% = \dfrac{7003.05}{7003.05} \times 100\% = 100\%$

停运系数：$\mathrm{OF} = \dfrac{T}{\mathrm{PAT}} \times 100\% = \dfrac{4.95}{7008} \times 100\% = 0.071\%$

停运停电系数：$\mathrm{OIF} = \dfrac{T_1}{\mathrm{PAT}} \times 100\% = \dfrac{1.82}{7008} \times 100\% = 0.026\%$

二、配电网设施可靠性评价指标计算

城中开关站可靠性评价指标计算过程有关参数见表 6-2、城中开关站可靠性评价指标计算结果见表 6-3。

1. 计算过程有关参数

总评价期间使用时间：

ΣPAT

=8760.0+8760.0+8760.0+8760.0+8760.0+8760.0+5256.0+8760.0

+8760.0+7008.0

118

=82344.0（h）

总等效设施数：ΣN=1+1+1+1+1+1+0.6+1+1+0.8=9.4（台）

停运状态总累积次数：ΣF=1+1+1+1+1+4=9（次）

停运停电总累积次数：ΣF_1=1+1+1+1=4（次）

停运状态总累积时间：ΣT=1.50+1.50+1.50+0.95+1.33+4.95=11.73（h）

停运停电总累积时间：ΣT_1=1.50+1.50+1.50+1.82=6.32（h）

可用状态总累积时间：

ΣT_1

=8758.5+8760.0+8760.0+8760.0+8759.1+8760.0+5256.0+8758.7

+8760.0+7003.0

=82335.3（h）

运行状态总累积时间：

ΣT_2

=8758.5+8758.5+8758.5+8760.0+8759.1+8760.0+5256.0+8758.7

+8760.0+7003.0

=82332.3（h）

异常运行总累积时间：ΣT_4=0h

2. 频次类指标计算

平均停运率：$AOD = \dfrac{\sum F}{\sum N} = \dfrac{9}{9.4} = 0.96$（次/台）

平均停运停电率：$AOIF = \dfrac{\sum F_1}{\sum N} = \dfrac{4}{9.4} = 0.43$（次/台）

3. 时间类指标计算

平均停运时间：$AOD = \dfrac{\sum T}{\sum N} = \dfrac{11.73}{9.4} = 1.25$（h/台）

119

平均停运停电时间：$\text{AOID} = \dfrac{\sum T_{\text{I}}}{\sum N} = \dfrac{6.32}{9.4} = 0.67(\text{h}/\text{台})$

停运平均持续时间：$\text{TOD} = \dfrac{\sum T}{\sum F} = \dfrac{11.73}{9} = 1.30(\text{h}/\text{台})$

停运停电平均持续时间：$\text{TOID} = \dfrac{\sum T_{\text{I}}}{\sum F_{\text{I}}} = \dfrac{6.32}{4} = 1.58(\text{h}/\text{台})$

平均停运间隔时间：$\text{TADO} = \dfrac{\sum T_{\text{I}}}{\sum (F+1)} = \dfrac{82335.3}{9+10} = 4333.44(\text{h}/\text{次})$

平均停运停电间隔时间：$\text{TADOI} = \dfrac{\sum T_{\text{I}}}{\sum (F_{\text{I}}+1)} = \dfrac{82335.3}{4+10} = 5881.09$

（h／次）

4. 比例类指标计算

可用系数：$\text{AF} = \dfrac{\sum T_{\text{I}}}{\sum \text{PAT}} \times 100\% = \dfrac{82335.3}{82344.0} \times 100\% = 99.989\%$

运行系数：$\text{SF} = \dfrac{\sum T_{2}}{\sum \text{PAT}} \times 100\% = \dfrac{82332.3}{82344.0} \times 100\% = 99.986\%$

异常运行系数：$\text{ASF} = \dfrac{\sum T_{4}}{\sum T_{2}} \times 100\% = \dfrac{0}{82332.3} \times 100\% = 0\%$

暴露率：$\text{ER} = \dfrac{\sum T_{2}}{\sum T_{\text{I}}} \times 100\% = \dfrac{82332.3}{82335.3} \times 100\% = 99.996\%$

停运系数：$\text{OF} = \dfrac{\sum T}{\sum \text{PAT}} \times 100\% = \dfrac{11.73}{82344.0} \times 100\% = 0.014\%$

停运停电系数：$\text{OIF} = \dfrac{\sum T_{\text{I}}}{\sum \text{PAT}} \times 100\% = \dfrac{6.32}{82344.0} \times 100\% = 0.008\%$

表 6-2　　　　城中开关站及组成设备可靠性评价指标
过程变量计算结果

序号	配电网设施名称	评价期间使用时间（h）	等效设施数（台）	停运状态总累积次数（次）	停运停电总累积次数（次）	停运状态总累积时间（h）	停运停电总累积时间（h）	可用状态总累积时间（h）	运行状态总累积时间（h）	异常运行总累积时间（h）
1	1号进线断路器	8760	1	1	1	1.5	1.5	8758.5	8758.5	0
2	1号进线隔离开关1	8760	1	1	1	1.5	1.5	8760	8758.5	0
3	1号进线隔离开关2	8760	1	1	1	1.5	1.5	8760	8758.5	0
4	2号进线断路器	8760	1	0	0	0	0	8760	8760	0
5	2号进线隔离开关1	8760	1	1	0	0.95	0	8759.1	8759.1	0
6	2号进线隔离开关2	8760	1	0	0	0	0	8760	8760	0
7	3号出线负荷开关	5256	0.6	0	0	0	0	5256	5256	0
8	4号出线负荷开关	8760	1	1	0	1.33	0	8758.7	8758.7	0
9	5号出线负荷开关	8760	1	0	0	0	0	8760	8760	0
10	6号出线负荷开关	7008	0.8	4	1	4.95	1.82	7003	7003	0
11	城中开关站	82344	9.4	9	4	11.73	6.32	82335.3	82332.3	0

注　2号进线断路器、2号进线隔离开关2、5号出线负荷开关投运时间均为2010年7月1日，3号出线负荷开关投运时间为2021年5月26日。

表6-3　城中开关站及组成设备可靠性评价指标计算结果

序号	配电网设施名称	频次类指标			时间类指标				比例类指标					
		平均停运率[次/台(座)]	平均停运时间[h/台(座)]	平均停运停电时间[h/台(座)]	停运平均持续时间(h/次)	停运停电平均持续时间(h/次)	平均停运间隔时间(h/次)	平均停运停电间隔时间(h/次)	可用系数	运行系数	异常运行系数	暴露率	停运系数	停运停电系数
1	1号进线断路器	1	1.5	1.5	1.5	1.5	4379.25	4379.25	0.99983	0.99983	0	1	0.00017	0.00017
2	1号进线隔离开关1	1	1.5	1.5	1.5	1.5	4380	4380	1	0.99983	0	0.99983	0.00017	0.00017
3	1号进线隔离开关2	1	1.5	1.5	1.5	1.5	4380	4380	1	0.99983	0	0.99983	0.00017	0.00017
4	2号进线断路器	0	0	0	0	0	8760	8760	1	1	0	1	0	0
5	2号进线隔离开关1	1	0.95	0	0.95	0	4379.53	8759.05	0.99989	0.99989	0	1	0.00011	0
6	2号进线隔离开关2	0	0	0	0	0	8760	8760	1	1	0	1	0	0
7	3号出线负荷开关	0	0	0	0	0	5256	5256	1	1	0	1	0	0
8	4号出线负荷开关	1	1.33	0	1.33	0	4379.33	8758.67	0.99985	0.99985	0	1	0.00015	0
9	5号出线负荷开关	0	0	0	0	0	8760	8760	1	1	0	1	0	0
10	6号出线负荷开关	5	6.19	2.28	1.24	1.82	1400.61	3501.53	0.99929	0.99929	0	1	0.00071	0.00026
11	城中开关站	0.96	1.25	0.67	0.83	0.63	4333.44	5881.09	0.99989	0.99986	0	0.99996	0.00014	0.00008

第七章

技术提升措施

供电可靠性技术提升是指以设备状态为基础，以预测状态发展趋势为依据，通过不停电作业、配电网自动化、状态检测等手段，综合分析电网中各种在线和离线监测数据，从而减少对用户的停电，准确掌握设备的实际运行状态，做到提前防范设备故障、降低事故损失、提高工作效率以及降低供电风险。通过这些新技术的应用，将大大提升供电可靠性水平。

第一节　带电作业技术应用

一、带电作业分类和要求

（1）带电作业的分类：带电作业的安全风险等级从易到难分为一至四类，第三、四类带电作业被统称为复杂带电作业项目。

1）第一类为简单绝缘杆作业法项目，包括普通消缺及装拆附件、带电更换避雷器等。

2）第二类为简单绝缘手套作业法项目，包括带电断接引流线、更换直线杆绝缘子及横担、更换柱上开关或隔离开关等。

3）第三类为复杂绝缘杆作业法和复杂绝缘手套作业法项目。复杂绝缘杆作业法项目包括更换直线杆绝缘子及横担、带电断接空载电缆线路与架空线路连接引线等；复杂绝缘手套作业法项目包括带负荷更换柱上断路器或隔离开关、直线杆改耐张杆等。

4）第四类为综合不停电作业项目，包括不停电更换柱上变压器、旁路作业检修架空线路、从环网箱（架空线路）等设备临时取电给环网箱（移动箱式变电站）供电等。

（2）带电作业对环境条件要求：风力不大于五级、湿度不大于80%。环境温度为−25～+40℃，无雷电、雪、雹、雨、雾等不良天气。

（3）绝缘杆作业法对现场要求：作业杆塔无裂纹、无倾倒危险。作业杆塔上方各电气连接部件接触良好，无发生接地或感应电风险。

（4）绝缘手套作业法对现场要求：作业现场应道路畅通，无限高限宽架，保证斗臂车可到达工作现场。作业现场路面应坚实平整，使斗臂车支撑稳固可靠，且机身倾斜度满足要求。作业现场应有适当位置停放斗臂车，周围无路灯、树木、杆塔等影响斗臂车升降、转动的事物，必要时应对斗臂车做防倾覆措施。

二、配电带电作业方式

配电带电作业共有两种作业方式，分为地电位作业和中间电位作业。地电位作业即作业人员通过操作绝缘杆来完成作业的方式，中间电位作业即作业人员操作绝缘斗臂车或利用绝缘平台进入带电体附近作业的方式。

1. 绝缘杆作业法

绝缘杆作业法是指作业人员与带电体保持规定的安全距离，穿戴绝缘防护用具，通过绝缘杆进行作业的方式，是间接接触带电体的作业，安全性高。绝缘杆作业法日常承载平台包括登杆、绝缘斗臂车、绝缘脚手架或绝缘平台等。

2. 绝缘手套作业法

绝缘手套作业法是指作业人员使用绝缘承载工具与大地保持规定的安全距离，穿戴绝缘防护用具，与周围物体保持绝缘隔离，通过绝缘手套对带电体直接进行作业的方式，是直接接触带电体的作业，对绝缘防护用具安全性能要求较高。绝缘手套作业法日常承载平台包括绝缘斗臂车、绝缘脚手架、绝缘平台或绝缘梯等。

3. 综合不停电作业法

综合不停电作业法是指在配电线路待检修部位两端装设一个代役旁路系统，将待检修部位退出运行后实施停电检修作业，恢复运行后拆除旁路系统的作业方式。除了超出旁路系统额定负荷需要采取限制配电线路负荷的措施及接入/退出旁路系统可能需要短时停电外，作业过程中不发生中断供电的行为。常用旁路系统装设方式有绝缘斗臂车绝缘手套作业、绝缘斗臂车绝缘杆作业和电缆敷设。

三、不停电作业典型应用场景

（1）配电设备旁路检修。配电设备发生故障或计划检修时，通过柔性电缆、负荷开关搭建临时旁路，跨接故障或待检修设备，将电源引向临时旁路设备，实现作业点后段线路的不间断供电。不停电检修、加装环网柜如图 7-1 所示。采取旁路转带负荷对电缆线路停电检修如图 7-2 所示。

现场实际案例说明：毛岱变电站 10kV 线路停电检修，毛岱变电站 10kV 线路 911 毛党线采取旁路转带 914 毛申线负荷。10kV 线路停电检修采取旁路转带负荷现场如图 7-3 所示。

（2）不停电更换、加装柱上断路器。采用带电作业技术通过旁路引流线搭接的方式，将负荷转带，不停电更换、加装柱上断路器，减少用户停电感知。带负荷更换变压器如图 7-4 所示。

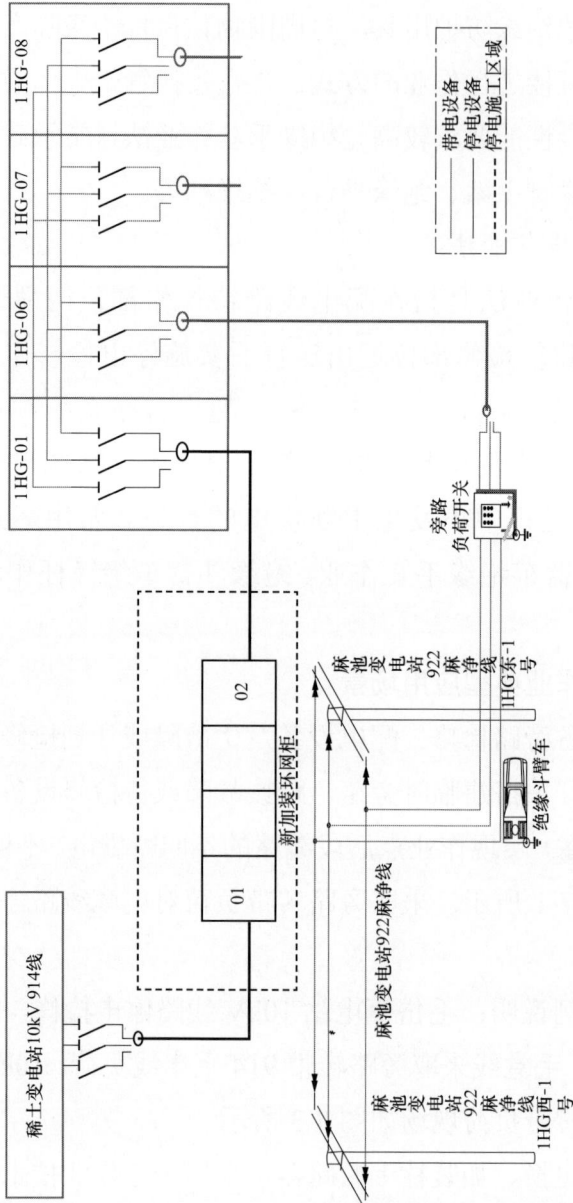

图 7-1 不停电检修、加装环网柜

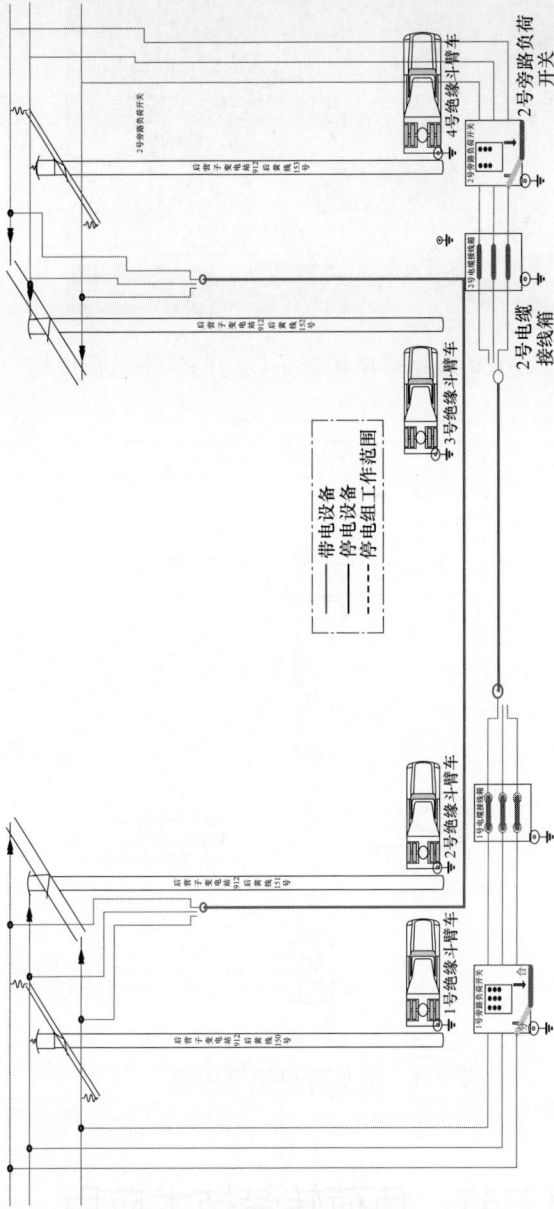

图 7-2 采取旁路转带负荷对电缆线路停电检修

图 7-3　10kV 线路停电检修采取旁路转带负荷现场

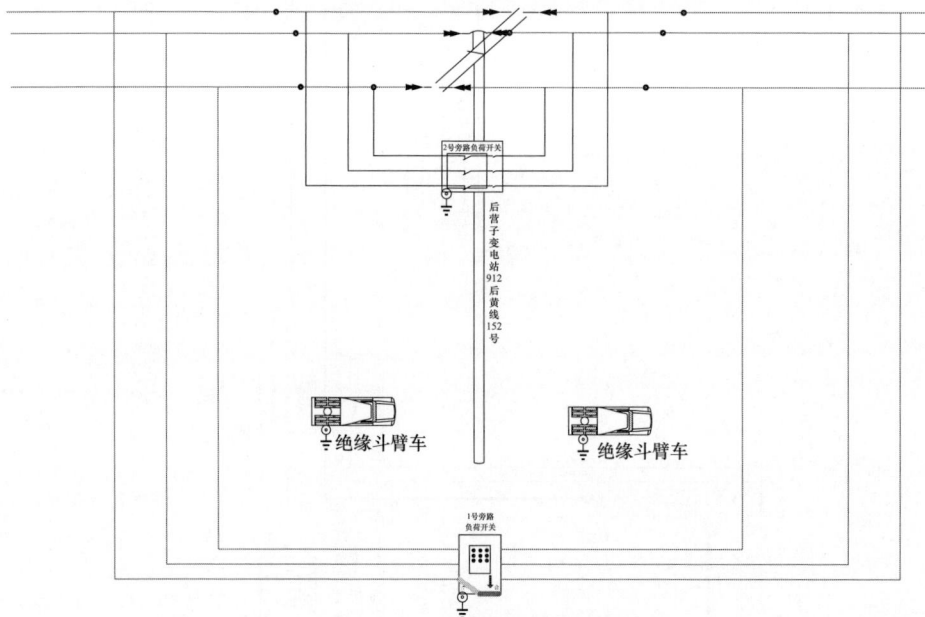

图 7-4　带负荷更换变压器

第二节　负荷转带技术应用

随着配电网网架结构的不断完善，越来越多的线路具备负荷转供的条件。因变电站、配电线路检修都存在线路转供的问题，为满足用户不断增长的需求，需要探索合解环负荷切改。在线路实现联络的情况下负荷转带一般分为停电负荷转带和合解环负荷转带。

一、停电负荷转带

停电负荷转带的要求比较少，操作方式也比较简单。只需要先断开被转带线路电源侧开关，被转带线路停电，再合上联络点开关即可。

停电负荷转带的要求：线路所有元件（TA 变比、导线载流量、设备载流量等）中最小载流元件要大于实际负荷。如联络后的总负荷大于最小载流量，提前准备限电计划。

首次联络，核算线路保护定值。联络点的相序为正相序。防止联络后电动机等动力负荷反转或损坏。

二、合解环转带负荷

合解环转带要求将联络点的开关合上，两条线先合环运行，再断开被转带线路电源侧开关。

合解环的优势：用户停电次数减少，用户满意度提升。从供电可靠性方面降低了停电次数和停电时户数，减少停电通知单的数量，新一代营销管理信息平台无需大量录入停电信息，避免负荷切改后变压器失压保护动作的后续服务问题，有效降低投诉风险。因不存在客户瞬间失电问题，负荷切改可以在白天进行，降低运行人员辛苦度的同时提高了操作的安全性。可以解决单主变压器运行变电站不对外停电检修。

以北区变电站主变压器检修为例，实现了全过程不停电转供电。合解环转供电图示如图 7-5 所示。

合解环流程：

（1）需进行核相，确保合解环时相序正确。

（2）向调度处方式班提交线路参数，计算稳态和暂态潮流。

（3）合理计算线路保护定值，避免因定值过小造成线路开关误动。

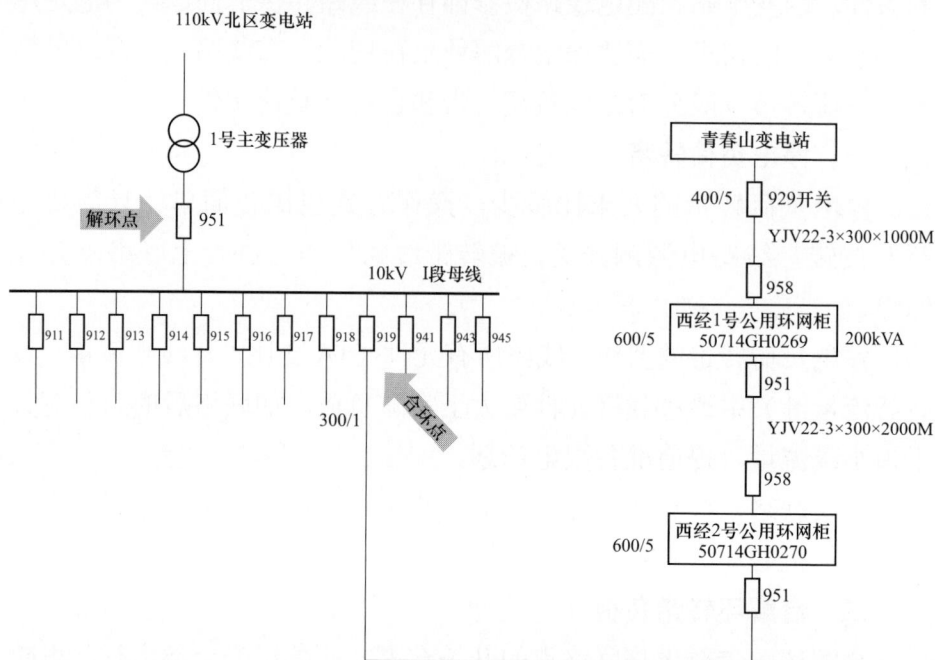

图 7-5 合解环转供电图示

（4）确保合解环线路的所属变电站可以倒由同一 220kV 变电站带出。

（5）合解环的点必须为断路器或负荷开关。

（6）合解环在负荷低谷期进行，除特殊线路建议在下午 15:00～16:00 期间进行，可以有效降低合解环冲击电流。

（7）要尽量缩减合解环时间，但需在首次合环期间记录好合解环电流。

（8）合解环宜采用遥控操作。

（9）合理布置保护定值设备，首次操作建议退出中间环节设备保护定值，设置定值设备设专人值守，合解环失败后按预案进行处理。

第三节 临时供电技术应用

一、使用中压发电车进行中压并网发电

配电线路检修，通过前期核相，利用中压发电车进行不停电检修作业，将中压发电车通过柔性电缆接入开关站，实现作业点后段设备不间断供电。10kV 中压发电车应急发电作业图示如图 7-6 所示。

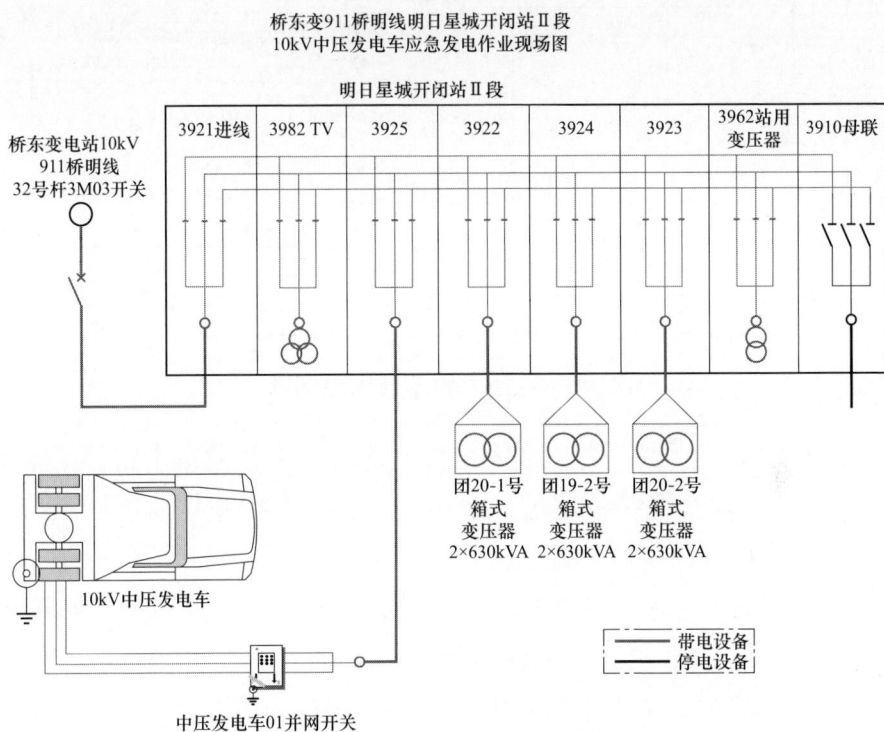

图 7-6 10kV 中压发电车应急发电作业图示

二、使用移动式箱变车、移动发电车实现转供电

（1）配电设备旁路检修。配电设备发生故障或计划检修时，通过柔性电缆、负荷开关搭建临时旁路，跨接故障或待检修设备，将电源引向临时旁路设备，实现作业点后段线路的不间断供电。低压发电车转供电图示如图 7-7 所示。

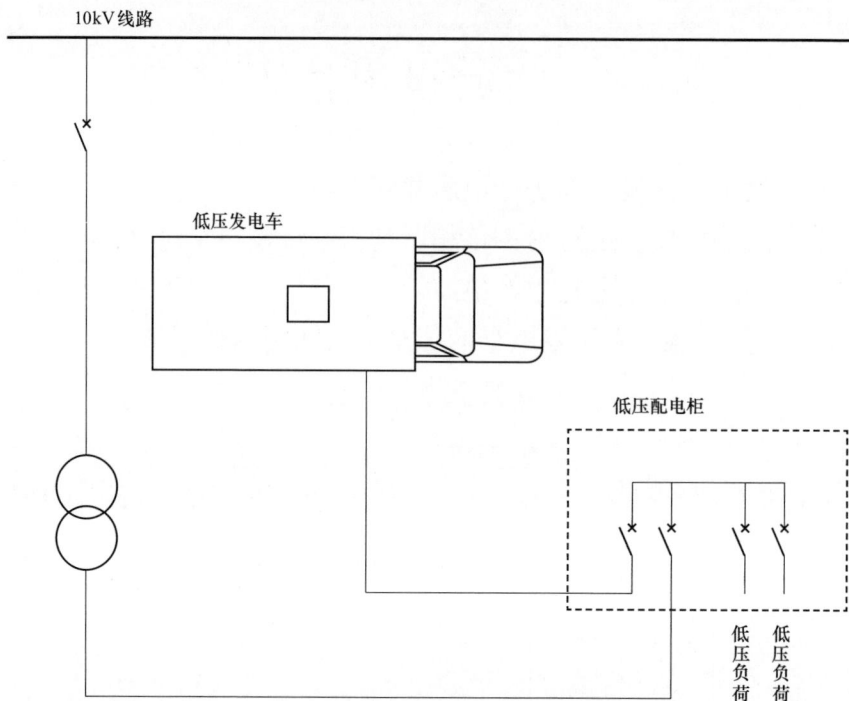

图 7-7　低压发电车转供电图示

（2）配电变压器改造或故障抢修。采用带电作业技术将移动箱变车接入 10kV 架空线路，通过移动箱变车接带配电变压器低压负荷，对变压器进行旁路引流，低压负荷短时停电，减少用户停电感知。移动箱变车转供电图示如图 7-8 所示，带负荷更换变压器如图 7-9 所示。

三、使用 UPS 电源车实现转供电

UPS 电源车就是将不间断电源设备以车载的方式供电，可以提高电源供电的灵活性，适合临时作业、保电现场。UPS 电源车受限于电池容量，无法长时间高功率供电，UPS 电源车和其他电源车配合可以实现不间断供电。

将变压器隔离，利用 UPS 电源车和移动箱变车或发电车配合接带低压负荷，实现不间断供电。UPS 电源车-发电车转供电图示如图 7-10 所示，UPS 电源车-移动箱变车转供电图示如图 7-11 所示。

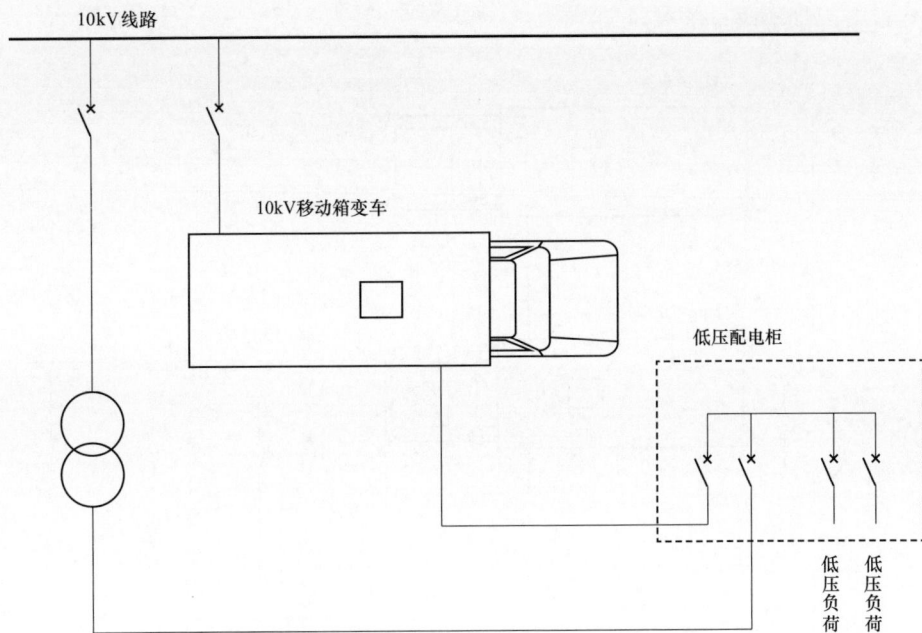

图 7-8 移动箱变车转供电图示

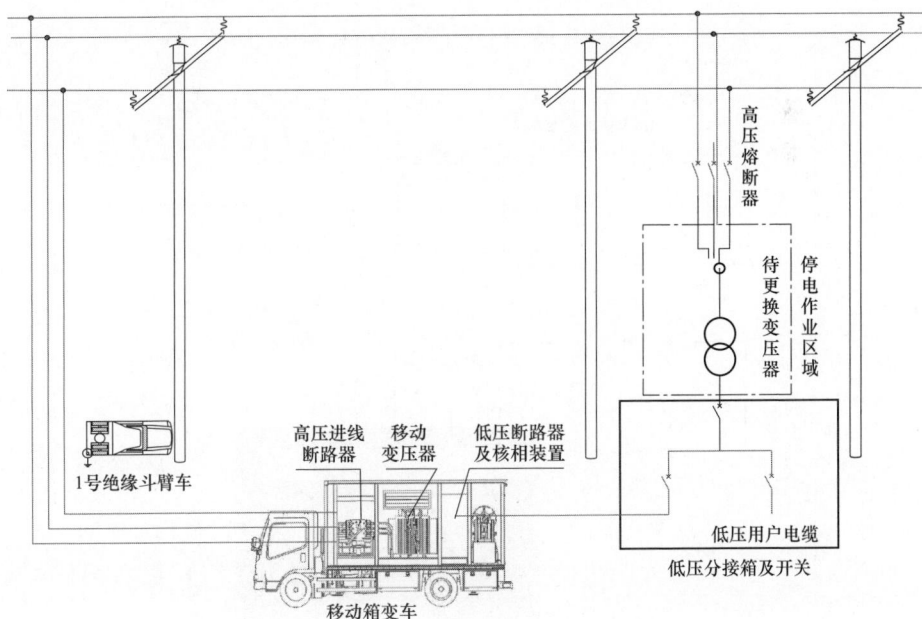

图 7-9 带负荷更换变压器

10kV 线路

低压发电车

UPS电源车

低压配电柜

低压负荷 低压负荷

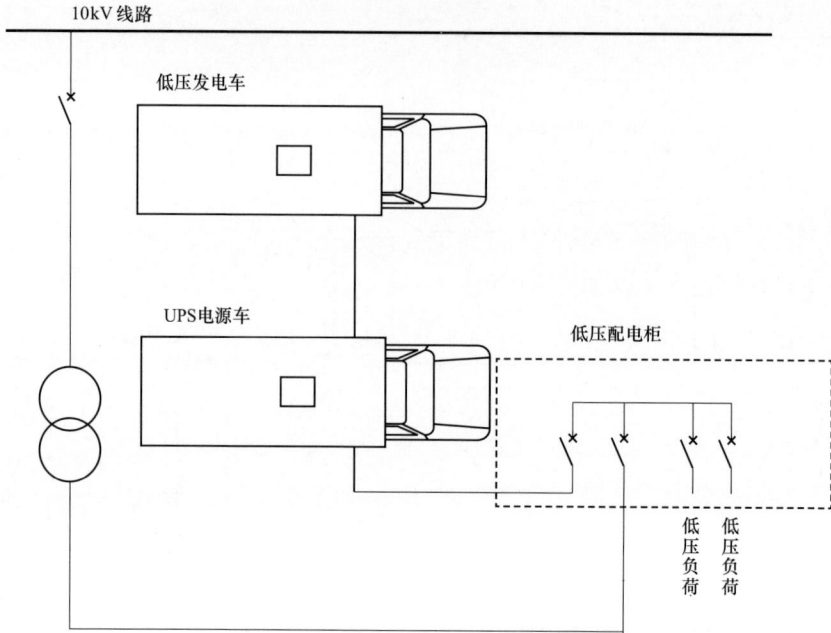

图 7-10　UPS 电源车-发电车转供电图示

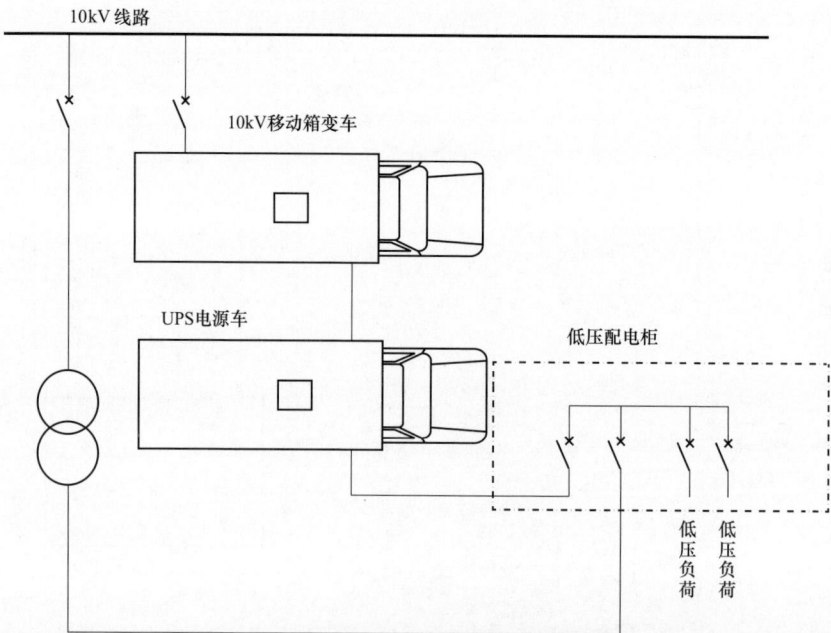

10kV 线路

10kV移动箱变车

UPS电源车

低压配电柜

低压负荷 低压负荷

图 7-11　UPS 电源车-移动箱变车转供电图示

第四节　配电自动化技术应用

配电自动化是以一次网架和设备为基础，以配电自动化系统为核心，综合利用多种通信方式，实现对配电系统的监测与控制，并通过相关应用系统的集成，实现配电系统的科学管理。配电自动化技术应用是提高供电可靠性的重要手段。

一、配电自动化系统构架

1. 配电自动化主站

配电自动化主站主要实现配电网数据采集与监控等基本功能和分析应用等扩展功能，为调度运行、生产运维及故障抢修指挥服务。配电主站主要由计算机硬件、操作系统、支撑平台软件和配电网应用软件组成。其中，支撑平台包括系统信息交换总线和基础服务，配电网应用软件包括配电网运行监控与配电网运行状态管控两大类应用。

2. 配电自动化通信

配电主站生产控制大区采集应用部分与配电终端的通信方式，原则上以电力光纤通信为主，对于不具备电力光纤通信条件的末梢配电终端，采用无线专网通信方式；配电主站管理信息大区采集应用部分与配电终端的通信方式，原则上以无线公网通信为主。应注意，无论采用哪种通信方式，都应采用基于数字证书的认证技术以及基于国产商用密码算法的加密技术进行安全防护。

3. 配电自动化终端

配电自动化终端是安装在配电网的各类远方监测、控制单元的总称，完成数据采集、控制和通信等功能。

二、配电自动化功能应用

1. 配电 SCADA 系统的功能应用

配电 SCADA 系统通过人机交互,实现配电网的运行监视和远方控制，为配电网运行和调度提供服务。配电 SCADA 完成数据采集、状态监视、远方控制、人机交互、防误闭锁、图形显示、事件告警、事件顺序记录、配电终端在线管理和配电终端网络工况监视等功能应用。

2. 馈线自动化的功能应用

馈线自动化利用自动化装置（系统），监视配电线路的运行状况，及时发现线路故障，迅速诊断出故障区间并将故障区间隔离，快速恢复对非故障区间的供电。

3. 配电线路故障指示器应用

配电线路故障指示器具备配电线路相间短路故障检测和单相接地故障检测的能力。就地型故障指示器用于缩小故障区间指示；远传型故障指示器不仅可以就地翻牌或闪光警告，还能通过通信装置将故障信息送至主站，加快故障区间判定。

4. 接地选线装置的功能应用

接地选线装置可选出同一母线下的接地线路，缩小故障判断范围，避免接地试拉造成非故障线路停电。

三、配电自动化建设管理

1. 配电自动化建设原则

配电自动化系统建设应以面向配电网的生产指挥和调度为应用主体，实现对配电网的监视和控制，满足与相关应用系统的信息交互、共享和综合应用需求，应按照先进性、可靠性、经济性和实用性原则，充分利用已有设备资源，综合考虑多种通信方式并合理选用。应满足相关国际、行业、企业标准及相关技术规范要求，同时也应满足电力二次系统安全防护有关定和配电网调控一体化技术支持系统的功能要求，并考虑配电网智能化扩展应用。

2. 馈线自动化选型标准

馈线自动化的选型按照因地制宜的原则，A+类供电区域宜采用集中型或智能分布式馈线自动化；A、B类供电区域可采用集中型、智能分布式或就地型重合器式馈线自动化；C、D类供电区域可根据实际需求采用就地型重合器式馈线自动化；E类供电区域可采用故障监测方式。

3. 配电自动化运维管理

配电终端及通信通道应与相关基建项目同步投运；相关更改项目完成时，配电终端与一、二次设备应同步恢复；应定期对配电自动化系统设备进行巡视、检查、测试和记录，并定期校核系统的遥测准确精度，检查遥信和遥控的正确性以及通信通道工作状态；配电自动化系统的重大软硬件升级和扩充应经过技术论证后实施，并需经过 3～6 个月的试运行，验收合格后正式投运。

四、配电网自动化在提升供电可靠性中的应用

在配电网系统正常运行时，配电自动化系统能实时监控运行电流，调度部门根据电流曲线均衡负荷分布，有利于减少负荷过高引起的电网故障，提升配电系统运行可靠性。在配电网故障情况下，配电自动化系统能在极短时间内对故障区间进行定位和隔离，对非故障区间恢复供电。配电自动化系统的故障定位功能可作为故障巡线的参考，有效减少故障巡线时间。以下通过典型实例说明配电自动化在供电可靠性提升中的应用。

典型示例：配网自动化系统故障示例

2021 年 9 月 1 日 921 军分区二回线下游环网柜内故障，配电主站自愈启动，自动进行了故障定位和恢复供电，动作逻辑图如图 7-12～图 7-14 所示。

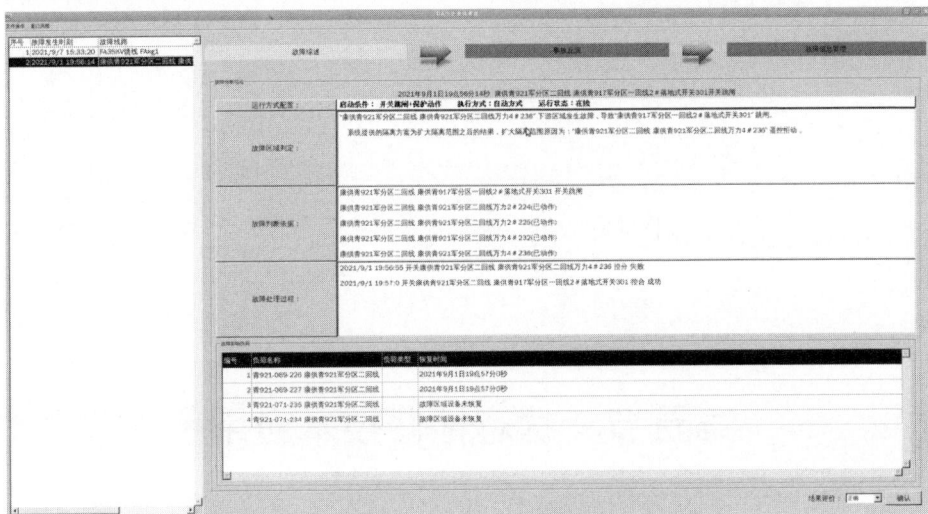

图 7-12 线路发生故障，配电网报文实时监控

图 7-13　配电网自动化系统回传故障情况

图 7-14　完成故障定位、联络线路合闸、恢复送电

第五节　状态检修技术应用

电网设备产生缺陷后，往往会伴随着声、光、热、电及振动等多

种宏观状态的变化。通过对特征参数变化的获取、检测和评价，可以实现对设备健康状态的评价、预测和早期故障征兆的识别，从而有效预防故障的发生。

状态检测分为停电检测和带电检测。常规的带电检测主要包括 10kV 架空线路、配电变压器和柱上开关设备的红外热成像检测；10kV 环网柜、开关柜的暂态地电压和超声波局部放电检测。

一、红外热成像技术

红外热成像（测温）是应用在电力系统中最为广泛和便捷的检测手段，其方便的操作方式、直观地显示和快速准确的定位，在缺陷发现、降低故障率和提升供电可靠性方面发挥着重要的作用。相对于传统的红外点温仪测量技术，红外热成像技术在电网设备检测方面已经得到广泛的认可和使用。红外图像是利用探测仪测量目标本身与背景间的红外线差得到的不同的热红外线图形，使人眼不能直接看到的表面温度分布变成可以看到的代表目标表面温度分布的热图像。

红外热成像仪具有直观、快速、不接触、不停运和远距离的优势，适用于所有电气设备和配电系统，包括断路器、变压器和配电线路等，可以快速探测电气设备的不良接触，确定所有连接点的热隐患。对于由于屏蔽而无法直接看到的部位，则可以根据其热量传导到外面的部件上的情况来发现其热隐患，确保所有运行的电气设备不存在潜伏性的热隐患，有效防止供电线路和元器件的故障引起系统停运事故发生。

二、局部放电检测技术

局部放电是不同电极之间尚未完全贯穿的轻微放电，这些放电的强度通常非常微小，但是它们会加快绝缘老化，并最终导致故障。局部放电会通过不同的方式释放能量，并产生出一系列的产物，例如射频电侧波、光、热、声波、超声波、臭氧和氮的氧化物等，使得局部放电点可以被检测到。目前，针对配电网的架空线路、电缆线路、开关柜设备均有不同种类的局部放电检测方法。

局部放电检测技术对于操作人员的专业要求比较高，但在发现电气设备故障方面却具有独特的优势。

1. 架空线路超声波局部放电检测

电力设备绝缘因缺陷发生沿面放电或局部放电时，同时会产生超声波，来自损坏的电力设施的超声信号可以在检测范围内被观察到，局部放电活动中的声波辐射出现在整个声谱范围中。声波信号由放电源向周围空气中传播或沿着绝缘介质和金属介质传导到电力设备外壳，并通过介质和缝隙向周围空气中传播。由于超声波频率高其波长较短，因此其方向性较强，能量较为集中，容易进行放电检测。

2. 开关柜暂态地电压局部放电检测

当局部放电在开关柜内部发生时，会产生射频波段的无线电波，只有通过开关设备金属外壳上的缺口才能传播出去。这些缺口可能是空气间隙、垫片或其他绝缘部件。当电磁波向外传播时，在设备表面产生感应电流，设备表面存在波阻抗，使金属外壳产生一个暂态对地电压。暂态地电压（TEV）是毫伏级别的，是上升沿持续时间很短（仅有几个纳秒）的暂态电压。开关设备在运行状态下，通过在开关柜外部放置传感器，局部放电活动可以被这种非入侵式的检测方法诊断出来。

3. 开关柜超声波局部放电检测

电力设备内部产生局部放电信号的时候，会产生冲击的振动及声音。超声波法通过在设备腔体外壁上安装超声波传感器来测量局部放电信号。该方法的特点是传感器与电力设备的电气回路无任何联系，不受电气方面的干扰，但在现场使用时易受周围环境噪声或设备机械振动的影响。由于超声信号在电力设备常用绝缘材料中的衰减较大，超声波检测法的灵敏度和范围有限，但具有定位准确度高的优点。局部放电源通常可看成点声源。

4. 电缆振荡波局部放电检测

振荡波检测方法是基于 LC 阻尼振荡原理，对被测电缆施加近似的工频正弦电压，即在近似电缆运行状态下完成电缆的局部放电测试。其结果与工频电压下的局部放电测试高度等效，符合相关 IEC 标准及国家标准。

振荡波检测方法集成度高、测试接线及操作简单、功耗较小、整体轻便，并且一次加压可同时完成电缆局部放电的测试和介质损耗因数的测量，相对于工频交流电压测试具有明显优势。该方法可以有效检测 10kV 及以上交联聚乙烯（XLPE）绝缘电缆和油纸绝缘（PILC）电缆的本体、终端和中间接头部位发生的各类局部放电缺陷，能有效发现由于生产质量、安装工艺和运行环境造成的主绝缘层、半导电层和屏蔽层等多种缺陷，因此可以有效减少由于电缆突发性击穿故障造成的意外停电事故。

5. 电缆超低频介质损耗试验

绝缘材料在电场作用下，由于介质电导和介质极化的滞后效应，在其内部引起的能量损耗为介质损耗（简称介损）。超低频介损测试在 0.1Hz 超低频正弦电压下进行超低频介损测试，对被测电缆施加 $0.5U_0$、$1.0U_0$、$1.5U_0$ 3 个电压，每相电缆单独进行测试。通过采集流经电缆的泄漏电流信号，以及电缆的电容和电阻，从而得到介损值。

电缆超低频介质损耗试验需要在设备停电的状态下开展，虽然短时的试验可能会影响部分用户的用电，但通过这种提前诊断的方式，实际在后期应对突发停电事故中，仍然对整体的供电可靠性具有提升的作用。

第六节　智能运检装备应用

配电不停电作业工作中，常规采用操作人员直接使用作业工具完成任务，存在劳动强度大、效率低、作业环境恶劣等问题，随着人工智能技术的发展，机器人在配电领域得到广泛应用，智能运检装备可以降低作业人员劳动强度和作业风险，提升作业效率和管理水平。配电网智能运检装备主要有配电网巡检无人机、配电网不停电作业机器人、配电室巡检机器人、不停电绝缘涂覆机器人等。

一、配电网巡检无人机

配电网巡检无人机是通过搭载各种传感器和摄像头，对配电网线路和设备进行自动化巡检的智能巡检机器人。无人机通过航线规划、图片采集、AI识别算法，实现无人机自动巡视、缺陷智能识别和巡检报告自动生成等，有效提高配电网巡视效率和提升智能化运维水平。

配电网线路长、分布面积广、接线复杂，日常线路巡检中存在较大难度，在人工巡视线路中存在诸多盲区位置，选择无人机开展巡视工作，能够降低巡视难度。在市区和人口较为密集的区域，为保障巡视安全性，也可将无人机巡视作为辅助手段。与常规人工巡视相比，无人机巡检不受地形限制，可将拍摄数据带回分析，使巡视不留死角，降低人工劳动强度、减少作业风险，"无人机+人工"协同巡检方式，成为配电网巡检的主要方式。

在日常巡检中，无人机能近距离地拍摄杆塔设备照片，协助运维人员掌握设备运行情况，及时发现缺陷，如图7-15所示。

图7-15 无人机及架空线路无人机采集图片

二、配电网不停电作业机器人

配电网不停电作业机器人是一种集成了智能感知、图像识别等先进技术的设备，通过机械臂工具可实现对导线展开剥皮、安装接地环及断、接引线等复杂动作，替代人工在各种环境下进行配电网不停电作业。机器人作业如图 7-16 所示。

与传统人工开展带电作业方式相比，采用智能不停电作业机器人不仅可以降低作业人员的工作强度，解决人身安全风险，而且全过程实现"一键操作"，有效提升了带电作业质量和效率，降低了停电事故，提升了供电可靠性。

三、配电室巡检机器人

配电室巡检机器人包括挂轨式和轮轨式两大类。它是一种用于配电室自动化巡检的智能设备，可以在配电室中自动巡检，监测设备运行状态、环境参数等，并能够及时发现异常情况，它还可以通过自主导航或预设路径的方式，对配电室进行全面巡检，确保巡检的覆盖范围和准确性，提高配电室的运行安全性和供电可靠性。配电室挂轨巡检机器人如图 7-17 所示。

图 7-16 机器人作业　　　　图 7-17 配电室挂轨巡检机器人

配电室巡检机器人的优点包括提高巡检效率、减少人力投入、提高巡检质量和准确性、及时发现潜在问题等。它可以在无人值守的情况下进行巡检，避免了人为因素对巡检结果的影响，实现 24h 不间断监测，确保配电室安全可靠运行。

四、不停电绝缘涂覆机器人

在传统更换导线施工方案中需要先对施工路段进行停电，将原裸导线拆除后更换为绝缘线，施工停电时间长、效率低，影响居民正常用电，还会造成导线浪费。机器人不停电绝缘涂覆，利用机器人在带电情况下对架空裸导线进行快速、可靠、就地喷涂绝缘层，将裸导线快速"升级"为绝缘线。机器人不停电绝缘涂覆如图 7-18 所示。

图 7-18　机器人不停电绝缘涂覆

裸导线绝缘涂覆有效解决关键区域传统作业不具备施工条件和施工难度大的问题，避免树木碰线、鸟害等原因造成的故障停电，提高架空线路绝缘改造作业效率，不断提升架空线路绝缘化率。

第八章

供电可靠性管理提升措施

供电可靠性管理水平是供电企业综合管理能力和服务能力的直接体现，本章主要从规划设计、物资采购、建设施工、调度运行、运维检修和营销服务等电力系统各个环节，提出具体的供电可靠性管理提升措施。

第一节 规划设计环节的主要措施

电网规划是提高供电可靠性的源头，合理的电网规划与设计会大大提高电网可靠性，同样，供电可靠性也是衡量电网规划与设计是否合理的重要指标。本节重点介绍在规划设计环节提升供电可靠性管理的主要措施。

一、电网规划设计要求

电网规划设计应遵循相关法律、法规和规程规定，在政府电力规划指导下，坚持安全可靠、经济合理和运行灵活的原则，努力实现最大范围内的资源优化配置。同时适度超前社会经济发展规划和电源规划，适时应用新技术，满足国民经济和社会可持续发展的战略要求。

二、规划设计环节提升供电可靠性指标的措施

在规划设计环节提高供电可靠性指标的措施主要有加强主网网架建设、改进配电网网架结构和开展配电网网格化管理等。同时，规划设计应提前考虑在改造期间的负荷转带措施、电网运行方式调整、无功装置调节，尽量避免或降低工程对供电可靠性的影响，同时将必要

的转带费用（设备租赁、发电机组油料、临时搭接、带电作业等）进行计列，如车载变压器（简称车载变）、中压发电车等。

（一）加强主网架的建设

电网规划应以城乡发展规划和上级电网规划为基础，以建设坚强主网架为目标，对于 220kV 及以上网架规划，将计划检修方式作为正常方式参与安全校核。即计划检修方式下发生"N–1"故障，应能满足负荷 90%高峰负荷条件下安全运行的要求。

容载比是决定电网发生故障时负荷能否顺利转移的重要宏观控制指标。保障电网安全可靠和满足负荷有序增长，是确定电网容载比时所要考虑的重要因素。负荷增长率低，网络结构联系紧密，容载比可适当降低；负荷增长率高，网络结构联系不强，容载比应适当提高，以满足电网供电可靠性和负荷快速增长的需要。

（二）改进配电网网架结构

配电网规划设计，应以供电可靠性指标为核心，根据城市规模、规划布局、人口密度、负荷密度及负荷性质等因素进行分区，一般可按市中心区、市区、城镇和农村分类。

网格接线宜根据分区类别区别选择，使现状电网结构通过建设和改造逐步向目标电网过渡，提高配电网负荷转移能力和对上级电网故障时的支撑能力，实现近远期电网有效衔接，避免电网重复建设。达到结构规范、运行灵活、适应性强、智能化水平高。

1. 高压配电网

高压配电网（110、66、35kV）是指由高压配电线路和高压配电变电站组成的向中压配电网和用户提供电能的配电网。高压配电网以选用单一电压等级为宜。但由于历史发展原因，目前我国的高压配电网采用了 110、66、35kV 3 个标准电压等级；北京、广州等城市配电网采用以 110kV 为主的高压配电电压，东北地区采用以 66kV 为主的高压配电电压，上海采用 110kV 和 35kV 两种电压等级并存的高压配电电压。

一般情况下，高压配电网在 1 条高压配电线路或 1 台变压器停电时，电网仍能满足用户全部用电的需要。为此，变电站进线通常至少要有 2 回线及以上，且满足"N-1"准则的要求，每回线来自不同电源点或同一电源点的不同母线段，也可以将几个变电站的电源进线串接成环形接线。

为充分利用通道，市区高压架空线可同杆双回架设。为避免双回路同时故障停电而使变电站全停，应尽可能在变电站双侧都有电源。条件不具备时，可加强与中压电网的联络，在双回路同时故障时，由中压电网倒入保安电源。市区内的架空线路杆塔应适当增加高度及缩小档距，以提高导线对地距离。

2. 中低压配电网

中低压配电网（20、10、6、0.4kV）是指由配电线路和配电变压器组成的向中低压配电网和用户提供电能的配电网。

（1）改进中低压配电网络结构。改进中低压配电网络结构对提高用户供电可靠性有着很重要的作用。一旦中低压配电系统的设备发生故障或计划检修，往往会造成供电系统对用户供电中断。放射性配电网络有变电站内的断路器、继电保护等一、二次设备停电检修、试验或出线线路停电检修与试验时，必然对用户供电造成很大影响。因此，必须要进一步改善中压 10kV 配电网络的结构、建立多分段适度联络、单环网和双环网等各种形式的供电网络结构。

（2）中低压配电网配置的可靠性要求。为了能够达到使配电网坚强、可靠和经济等目标。中低压配电网的目标网架要求结构规范、运行灵活、具有适当的负荷转供能力和对上级电网的支撑能力；满足配电自动化发展需求、具有一定的自愈能力和应急处理能力，并能有效防范故障连锁扩大，与社会环境相协调，建设和运行维护费用合理。

架空配电网市中心区和市区供电区域宜采取多分段及适度联络接线方式；城镇供电区域可采取多分段和单辐射接线方式，具备条件时可采取多分段和适度联络或多分段单（末端）联络接线方式；农村供电区域可采取多分段和单辐射接线方式，具备条件时可采取多分段和适度联络或多分段单（末端）联络接线方式。

电缆配电网在市中心区和市区供电区域接线方式宜采用双环式或单环式，城镇供电区域宜采用单环式。

（三）开展配电网网格化管理

衡量配电网是否坚强，最基本的要求是其是否能够安全、可靠、稳定地运行。配电网能否稳定运行，除了建设好电网主网架以外，还要做好电网的网格化管理。坚持标准化、差异化和精益化规划原则，结合市政规划、供电范围、负荷特性和用户需求等特点，合理划分供电网格和供电单元，深入研究各供电网格和单元的发展定位和用电需求。细致开展近期及饱和年负荷预测、统筹变电站出线间隔及通道资源、科学制订各供电网格标准统一的目标网架及过渡方案。

第二节　物资采购环节的主要措施

加强配电网设备入网前质量管控，开展物资质量对供电可靠性影响分析，提高物资采购质量，强化设备本质安全是提高供电可靠性一个重要环节。本节重点介绍在物资采购环节提升供电可靠性管理的主要措施。

一、物资质量对供电可靠性的影响

物资是企业的核心资源之一，物资质量对供电可靠性至关重要。根据供电可靠性责任原因统计，设备质量原因也是停电责任原因中的重要一项。下面进行物资质量对供电可靠性影响的分析。

（一）结合设备故障率曲线进行分析

设备的可靠性取决于设备的失效率，而设备的失效率随工作时间的变化具有不同的特点。根据人们长期以来对各种设备在使用和试验过程中所获得的数据的理论分析和统计研究，通常认为一般设备的失效率曲线形状类似于浴盆的剖面图形，故又称浴盆曲线（如图 8-1 所示），浴盆曲线明显地分为 3 段，分别对应着产品的 3 个不同时期。

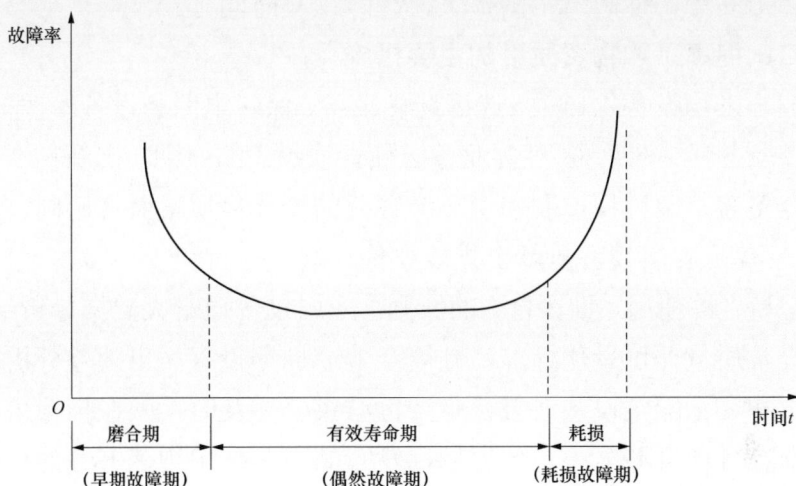

图 8-1 浴盆曲线

（1）在设备早期故障期，设备质量差异主要表现在故障率高低，质量较差的设备故障率普遍高于质量较好的设备。

（2）在设备偶然故障期，设备质量差异主要表现在两个方面：①设备偶发故障期时间的长短，②故障率高低。质量较好的设备偶发故障期长、故障率低。

（3）在设备耗损故障期，设备质量差异主要表现在是否提前进入设备耗损故障期，质量较好的设备均是在设备寿命周期的最后阶段才进入设备损耗故障期。质量较差的设备往往在设备寿命周期的中间阶段就进入设备损耗故障期。

（二）结合电网设备类型进行分析

（1）主网一次设备质量存在问题，往往会导致全站、全线停电等重大停电事故，给用户造成重大损失，甚至会影响社会安全稳定。

（2）配电网一次设备存在质量问题，往往导致整条配电线路停电，且故障恢复时间较长，严重影响供电可靠性指标。

（3）主网、配电网二次设备存在质量问题，往往会导致开关设备误动、拒动等，使故障范围扩大，故障恢复时间延长。

二、提高采购物资质量的主要措施

把好采购设备入口关，选好选优设备，保障电网和设备本质安全，按照"谁主管、谁负责""管业务必须管质量"的原则，实施物资采购业务全覆盖、全过程控制和全环节管控的一体化质量监督协同。

1. 建立在运设备质量全方位评价机制

坚持"谁使用、谁评价"的原则，应用设备质量大数据分析结果，完善设备质量评价量化标准。开展全寿命周期投入产出效益分析。定期分析和公示配电设备质量认定评价结果，并及时反映在招标采购和供应商综合评价环节中。依据招标发布的设备技术规范书关键技术参数和中标服务商投标响应技术文件，强化物资到货开箱检查，重点核对设备组部件和主材是否与投标文件一致。

2. 加强配电网设备入网检测力度

开展电网物资质量检测能力标准化建设，加大配电网设备材料质量抽检项目，扩大抽检范围和比例，提升抽检标准，逐步实现配电网主设备入网全检测。设备运行管理部门应按规定对新竣工设备进行交接验收，严把配电网设备交接验收关，扎实做好旁站检测和复测等技术监督工作，严格比对投标响应的技术参数与试验结果，确保采购设备的技术参数"一模一样"。

3. 加大典型设计和精简物料应用

梳理配电网典型设计模块，开展标准化图纸审查，全面应用典型设计成果。结合地区差异和电网特点，开展标准物料精简优化分析，科学压减型号序列，统一各类供电区域物料种类和设备选型，提升设备通用互换性。

4. 推广应用标准化定制设备

按照"安全可靠、坚固耐用、标准统一、通用互换"的原则，开展设备装配图纸级标准化定制工作，打造技术成熟、性能优良、质量可靠的配电设备,实现配电网设备技术先进、性能环保和环境友好,提升设备一体化和智能化水平。

5. 开展设备全寿命周期效益管理

开展设备全寿命周期效益分析,将设备质量评价和设备质量事件处理结果及时反映在物资采购和综合评价环节中,降低设备全寿命周期内的故障率水平。

6. 督促厂商改进设备质量

供电可靠性管理人员定期统计分析中低压配电网主要设备故障情况,如变压器、柱上断路器和隔离开关等故障情况,与相关技术人员和设计人员共同分析设备存在的缺陷,及时向供货厂商反映情况,督促改进设备质量。设备质量的保证主要是在制造阶段,因而邀请第三方在设备制造环节对设备质量进行监督十分重要。

三、提高物资到货及时率的主要措施

为保证工程施工进度和检修、抢修、缺陷处理等速度,避免出现长时间停电事件,物资供应部门应主动与生产管理部门沟通、优化物资采购流程,确保工程和抢修所需物资及时到货。对于合同约定了交货日期的电力设备,物资供应部门要做好物资催交和合同履约工作。物资部门应采取物资寄售、平衡利库、电力化仓储等有效措施,缩短供货、出入库时限,保障物资及时可用。

第三节　建设施工环节的主要措施

加强工程建设施工管理,优化停电计划和施工方案,强化现场管理和质量管控,减少预安排停电次数、时间和范围,将直接促进供电可靠率指标的提升。本节重点介绍在建设施工环节提升供电可靠性管理主要措施。

一、建设施工企业资质管理

开展电网业务承揽企业资质能力核查工作,从企业资质信誉、安全资质、业务资质、人员配置和施工机具配置等方面，进行资质能力预审，优先选用具备不停电作业施工能力的企业。开展施工服务后评价，严格施工企业不良行为处理，对出现严重设备质量和诚信问题的企业加大惩罚力度。完善合同履约不良信息收集协同机制，固化合约违约索赔流程。

二、建设施工停电计划管理

各类建设施工按照"能带不停、能转不停"的原则，优先考虑带电作业和负荷转带措施，对于确需停电的施工作业，为实施供电可靠性目标管理，结合配电网项目施工工期要求，工程建设管理部门应每月对配电网工程年度停电计划进行修订，并及时通知供电可靠性管理专责，综合协调配电网工程停电，配电网检修停电以及业扩工程停电等停电计划安排。业扩报装用户接入停电应优先结合配电网工程停电和检修停电进行，避免重复停电。

三、建设施工方案管理

工程建设管理部门应认识到停电施工前的现场勘察工作对供电可靠性管理的重要性，在施工单位招标采购中，应将停电范围及时间要求纳入技术规范书及施工合同补充条款。

加强与规划、设计部门的对接，推行配电网建设工程"先开辟新线路通道，后线路停电切改"。确需原址改造的，在设计阶段应考虑过渡方案，减小停电影响。

在配电网工程"三措一案"（施工组织措施、技术措施、安全措施和施工作业方案）审查阶段，组织人员开展施工现场勘查，确认停电的必要性、停电范围和工期合理性，审核作业人员及机具等施工力量安排，按上述停电施工方案确定原则制订符合现场实际的停电施工方案。

四、建设施工现场管理

工程建设施工人员应提前做好停电施工前的准备工作，如人员准备、物资进场准备、施工工器具准备以及可能影响施工进度的外部协调准备等，督促工程进度和质量，确保按计划停送电，减少无效停电时间。在工程建设施工现场开展风险管理，对停送电操作和施工作业过程中存在潜在风险进行控制，确保现场施工顺利实施。

五、建设施工质量管理

提高配电网工程施工质量，能有效减少因施工质量原因造成停电时间延长及重复停电增多，能有效降低配电网工程项目投运后的故障率。因此，加强工程建设施工质量能有效提升供电可靠性指标。

强化设备到货比对与竣工交接验收、定期开展施工、安装工艺的培训和技能鉴定、严把施工单位和人员进场关，严格按照验收管理相关标准，加强过程验收，履行设备主人职责，考核并追责施工工艺造成的设备故障，把好设备投运关。

第四节　调度运行环节的主要措施

开展综合停电计划管理，加强停电计划的执行，达到严控停电时间、减少临时停电和拒绝重复停电的目的，是提高供电可靠性的重要手段之一。本节重点介绍在调度运行环节提升供电可靠性的主要措施。

一、配电网生产调度管理

生产调度管理是供电可靠性管理的核心环节。对于供电可靠性目标管理、停电次数和停电时间控制、电网安全运行均具有重要意义。生产调度管理的目的是规范供电可靠性目标管理和停电计划全过程管理，使停电计划和供电可靠性指标处于可控、能控、在控的状态。

（1）调控部门：停电和不停电计划汇总及发布；电网设备停送电环节控制；停电计划执行情况汇总分析；电网运行方式安排；保护定值管理；故障监测及处置策略等。

（2）变电（配电）运行部门：根据施工、检修部门计划开工的时间以及运行方式的安排在停电操作指令下达前到达现场，做好设备的倒闸操作准备和安全措施，确保按时进行工作许可；根据施工、检修部门工作实施进度，按照施工、检修部门的要求和调度命令提前到达现场，确保在施工、检修完毕后及时送电。

（3）施工、检修部门：在停电前，充分做好人员、物资、工器具和可能影响工作进度的外部情况等准备工作，保证停电时间的有效利用；各班组和专业人员的作业时间尽可能交叉或衔接，不得存在无作业的空白时间段；提前预判作业完成时间，实行送电时间预判及预通知管理。

二、综合停电管理

综合停电是在停电计划中，对相同停电范围的多项停电检修工作进行合并施工方案优化的停电管理，可以减少用户的停运次数和停运时间，降低施工和检修工作对电网运行及供电可靠性的影响。

在开展配电网建设改造项目需求提报和可行性研究方案编制过程中，落实停电时户数管控要求。推行施工、检修、用户申请停电计划等统筹安排，配电网建设、运行维护检修部门在停电计划拟订时同步开展停电影响范围模拟计算，根据年度目标合理提出停电计划申请。配电网调控机构坚持"能转必转、能带不停、先算后停、一停多用"的工作原则，完善月、周停电计划管理制度，按照停电影响范围实行停电计划分级审批和停电时户数分级管控，定期召开停电平衡会，对中压发电车、低压发电车等转带方案进行审核，优化不停电转带措施，严格控制线路和台区预安排重复停电次数和时长。实施综合停电管理，控制停电次数、范围和时长，已成为提升供电可靠性指标的重要手段。

（一）综合停电管理的措施

1. 加强预安排停电统筹管理

强化综合停电管理，推行各类主、配电网建设改造，生产检修用户接入，市政迁改以及用户申请等多业务综合作业。建立预安排停电统筹平衡机制，按照"年度统筹、季度预排、月度平衡"的原则，合理确定停电作业安排，做到"一停多用"，禁止"一事一停"，杜绝用户短期内重复停电。加强计划停电审核把关，定期召开停电平衡会，分析研究不停电转带方案，按照停电影响范围、停电时长及重复停电次数建立分级审批机制，确保停电安排必要、合理，从严把控临时停电审批。

2. 重大综合施工及检修事件的预测管理

供电可靠性管理人员应积极参与重大停电施工及检修方案的制订，计划施工及检修停电预测时，细化到具体工程（10kV 配电网工程、35kV 电压等级电网工程和 66kV 及以上主网工程）及其所影响的每一条配电网线路。每条配电网线路影响中压用户数以及停电时户数细化到城市和农村。各单位在开展施工、检修计划编制及停电预测时，结合施工检修项目计划安排、电网转供能力、不停电作业能力、自动化及运行维护管理水平提升情况，明确时户数指标消耗限值，按照"先算后报、先算后停"的原则，应与综合计划管理部门充分沟通，确保计划电网工程项目及投资与本单位综合计划相符。

3. 综合停电分析工作机制

供电可靠性管理人员应定期开展本单位综合停电实施情况分析工作，严格预控指标执行过程刚性管控，建立动态跟踪、定期分析、超标预警及分公司审批等工作机制，按周统计通报停电时户数消耗与余额情况，强化停电计划执行情况预警、督办，确保预控目标实现。

4. 综合停电管理示例

示例一：2023 年，某地市预安排停电时户数共计 660000h·户，占全年停电总时户数的 60%，计划停电是阻碍供电可靠率提升的重要因素。为进一步加强配电网停电计划管理，该公司确定了三项审核：①精打细算做好指标预算式管控；②细勘严审做好带电作业、负荷转供、停电必要性三级审核；③统筹兼顾做好综合停电检修，其中，开展综合停电检修是用好"停电计划"这一稀缺资源，避免重复计划停电，提高综合停电成效的主要手段。

（1）某停电线路实施情况：停电线路主干线长 10150m，分支线长 31920m，线路全长 42070m，电杆共计 601 基（主干线 145 基，分支线 456 基）；配电变压器总容量 10550kVA（其中公用变压器 3980kVA，专用变压器 6570VA），共 55 用户，其中主干线路分段开关 1 台，分支开关 3 台，带馈线监控装置（FTU）开关 4 台；该线路与其他线路暂不具备联络，未实现"手拉手"线路调配资源。

（2）主要做法。

1）综合检修需求收集。

a．计划检修。根据地市公司隐患治理专项行动要求，需对停电线路加装绝缘护套 120 余只，加装驱鸟装置 80 个，调试开关定值 4 台，砍伐树木 30 余颗，加装防雷装置 45 个，经带电作业审查，此次工作无法完全通过带电作业解决，需停全线路，初步计划定于 2023 年 4 月 1 日计划停电长 12h，影响 660h·户。

b．工程停电。根据大修技术改造工程计划安排，需对停电线路的 5 条分支线路进行改造。经带电作业审查，此次工作无法通过带电作业解决，计划于 2023 年 4 月停电检修，停电时长 3h，影响 33h·户。

c．市政工程。根据镇政府新农村建设要求道路加宽改造，原沿线部分支线电杆需迁移。经带电作业审查，此次工作无法通过带电作业解决。计划于 2023 年 4 月停电检修，停电时长 8h，影响 40h·户。

d．业扩工程。为响应镇政府大力发展沙产业及生态旅游发展规划，2023 年 3 月下旬已完成业扩报装 800kVA 变压器安装，具备接火条件。因接入点为裸导线转角杆，存在相间短路风险，不能带电作业，需停用部分分支线路，计划于 2023 年 4 月停电，停电时长 4h，影响 44h·户。

2）综合检修计划制订。

a．按照"能带不停"的原则，将 4 项重点工作中个别能带电作业的项目提前进行带电作业，减少停电作业工作量。带电作业减少停电时户数 30h·户。

b. "化整为零，分段实施"，深挖检修、工程实施方案不停电转带方式，综合应用中压发电车分段进行负荷转供，转供利用同期并网技术实现用户"零感知"。发电车转带减少停电时户数 200h·户。

c. 剩余工作量根据停电线路上半年停电需求，综合计划考虑，将工期缩至一天内。全线路于 2023 年 4 月 10 日 7:00～17:00 停电 10h。

d. 因该综合计划工作任务点多面广，施工安全压力大，公司提前做好各处现场勘察，制订了事故应急预案，完成了负荷转带方案，对负责此次作业安装的公司施工人员进行《国家电网公司电力安全工作规程》培训及考试，对工作票实行总分工作票双签发机制，施工人员在安质部及生技部备案；现场施工使用布控球，管理人员到岗到位，确保施工过程不发生任何安全事故。

3）主要成效。优化方案实施后，减少了线路重复停电 3 次，实际停电时长 8h，停 440h·户，共计压降停电时户数 337h·户，其中带电作业减少 30h·户，发电车转带减少 200h·户，合并工作减少 107h·户，线路停电 1 次，无投诉。该方案涉及多处施工地点，工作操作多、复杂程度高，公司开展安全预控和技术交底，对作业全过程实施现场和视频双重监控，确保了工艺标准和作业安全。停电时户数和减少时户数统计表见表 8-1。

表 8-1　　　　　　停电时户数和减少时户数统计表

序号	停电类别	停电时户数（h·户）	合计（h·户）	采取措施减少时户数（h·户）			
				带电作业	发电车转带	压缩工期	合计
1	计划检修	660	777	−30	−200	−107	−337
2	工程停电	33					
3	市政工程	40					
4	业扩工程	44					

示例二：某 35kV 站扩建工程，站内工作内容为电气设备拆除、旧基础拆除、硬化地面拆除、渣土外运、土方开挖、基础制作安装、

电气安装调试等工作。施工期间全站对外失电，共涉及 35kV 进线一条、10kV 出线 7 条。35kV 电源进线为 351 敖苏线，10kV 出线分别为 9102 泰泽线、9103 敖包Ⅰ线、9201 敖包Ⅱ线、9202 苏供线、9203 天源线、9205 瑞德润泽线、9206 岚山岚岳线。其中 9102 泰泽线处于停运状态，9103 敖包Ⅰ线负荷较小。线路接带负荷统计表见表 8-2。

表 8-2　　　　　　　　　　线路接带负荷统计表

序号	线路名称	线路长度	总接带容量	近期最大负荷
1	9103 敖包Ⅰ线	3.632km	500kVA	0.09MW
2	9201 敖包Ⅱ线	19.871km	8515kVA	0.8MW
3	9202 苏供线	16.215km	9280kVA	1.8MW
4	9203 天源线	1.015km	4000kVA	2.83MW
5	9205 瑞德润泽线	1.647km	4700kVA	2.77MW
6	9206 岚山岚岳线	1.527km	4225kVA	2.47MW
7	9102 泰泽线	停用		0MW

（1）某 35 千伏变电站全站停电实施情况。某 35kV 站共计 10kV 线路情况：接带 9103 敖包Ⅰ线 1 户、9201 敖包Ⅱ线 19 户、9202 苏供线 16 户、9203 天源线 1 户（专线）、9205 瑞德润泽线 8 户（专线）、9206 岚山岚岳线 1 户（专线），共计线路 6 条，共计 46 户。以上线路与其他线路暂不具备联络，未实现"手拉手"线路调配资源。

（2）主要做法。

1）综合检修需求收集。

a. 车载变充电用于检验主变压器及相关一次设备是否运行正常，同时进行车载变差动保护向量测试（检验差动保护接线是否正确），接入需要全站停电 8h，影响时户数 368h·户。

b. 35kV 车载变接入车载变配电车 901 间隔，需停电 6h 用于转供电缆接入车载变间隔，影响时户数 276h·户。

c. 10kV 转供电缆接入，需每条线路停电 8h 用户转供电缆接入车载变间隔，影响时户数 368h·户。

d. 9103 敖包Ⅰ线 1 户、9201 敖包Ⅱ线 19 户、9202 苏供线 16 户，按照检修计划需更换 001 号杆隔离开关、更换出线电缆接头及其附属金具，需每条线路停电 7h，影响时户数 252h·户。

2）综合检修计划制订。

a. 按照"先算后停、能带不停、能转不停"的原则，因该变电站为两台主变压器运行，停电前结合用户负荷曲线，在负荷低谷期将 1 号主变压器停运，车载变接入 3016 侧隔离开关出线侧，进行车载变充电及极性测量工作，压减停电时户数 368h·户。

b. 在 9103 敖包Ⅰ线、9201 敖包Ⅱ线和 9202 苏供线 002 号杆侧安装隔离开关，接入用户车载变临时转供电缆，通过带电作业在隔离开关电源侧进行带电搭接，提前接入车载变 10kV 配电柜。减少时户数 288h·户（9103 敖包Ⅰ线、9201 敖包Ⅱ线和 9202 苏供线车载变接入停电 36×8=288h·户）。

c. 在 9201 敖包Ⅱ线、9202 苏供线根据负荷情况分别接入 1 台 1000kW 和 1 台 2000kW 中压发电车，利用同期并网形式进行停电期间的负荷转供，减少时户数 630h·户（两回线路用户总数为 35，停电 18h，时户数为 35×18=630h·户）。

d. 根据剩余工作量，将综合检修需求收集中 a、b、c 项工作相加合计 62h（8h+6h+8h×6 条线路=62h）工期缩至 18h。全线路于 2024 年 3 月 15 日 7:00～24:00 停电 18h 完成全部任务。

3）主要成效。优化方案实施后，减少了线路重复停电 2 次，实际停电时长 18h，停 198h·户，共计压降停电时户数 1286h·户，其中调整运行方式减少 368h·户（车载变测量极性工作），带电作业减少 288h·户（9103 敖包Ⅰ线、9201 敖包Ⅱ线和 9202 苏供线车载变接入停电），发电车转带减少 63h·户（两回线路用户总数为 35，停电 18h，时户数为 35×18=630h·户），全站停电 1 次，无投诉。该方案涉及中压发电车与电网同期并网，车载变接入，工作操作多、复杂程度高，公司开展安全预控和技术交底，对作业全过程实施现场和视频双重监控，确保了工艺标准和作业安全（停电时户数和减少时户数详见表 8-3，35kV 苏海图变电站及车载变接线示意图如图 8-2 所示，9201 敖包Ⅱ线中压发电车接线示意图如图 8-3 所示，9202 苏供线中压发电车接线示意图如图 8-4 所示）。

表 8-3 停电时户数和减少时户数统计表

序号	停电类别	停电时户数（h·户）	合计（h·户）	采取措施减少时户数（h·户）			
				带电作业	发电车转带	调整运行方式	合计
1	车载变充电及传动试验	368	1300	−288	−630	−368	−1286
2	35kV 车载变接入车载变配电车	276					
3	10kV 转供电缆接入	368					
4	计划检修工作	288					
5	合并作业后时长增加	184					

（二）重复停电管理

重复停电是影响用户供电可靠性指标的重要因素之一，重复停电反映了停电计划编制是否合理、停电计划审批是否严格，是运行单位设备状况、检修质量和运行管理水平的具体体现。重复停电给调度人员及变电操作人员带来极大的工作压力，是引发误调度和误操作事故的主要原因之一；重复停电会给供电企业带来很大的电量损失，给不同行业都会带来很大的直接损失或间接损失；重复停电给居民正常生活带来很大不便。影响全社会对供电企业优质服务工作的满意度。

1. 导致重复停电的原因

（1）在制订综合停电计划时，没有统筹安排各类停电计划，造成重复停电。

（2）因施工管理方面原因，包括施工准备不充分和检修工艺不良等原因造成重复停电。

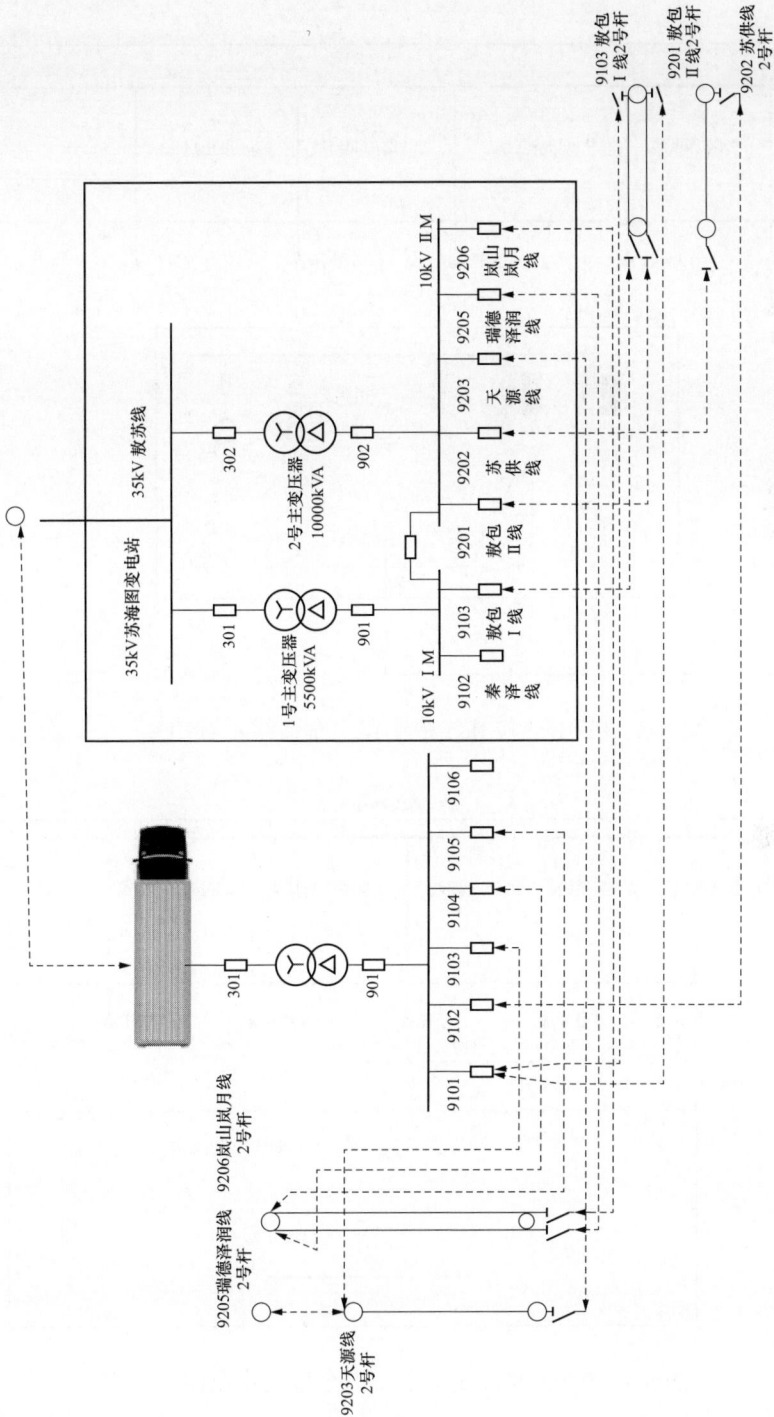

图 8-2 35kV 苏海图变电站及车载变接线示意图

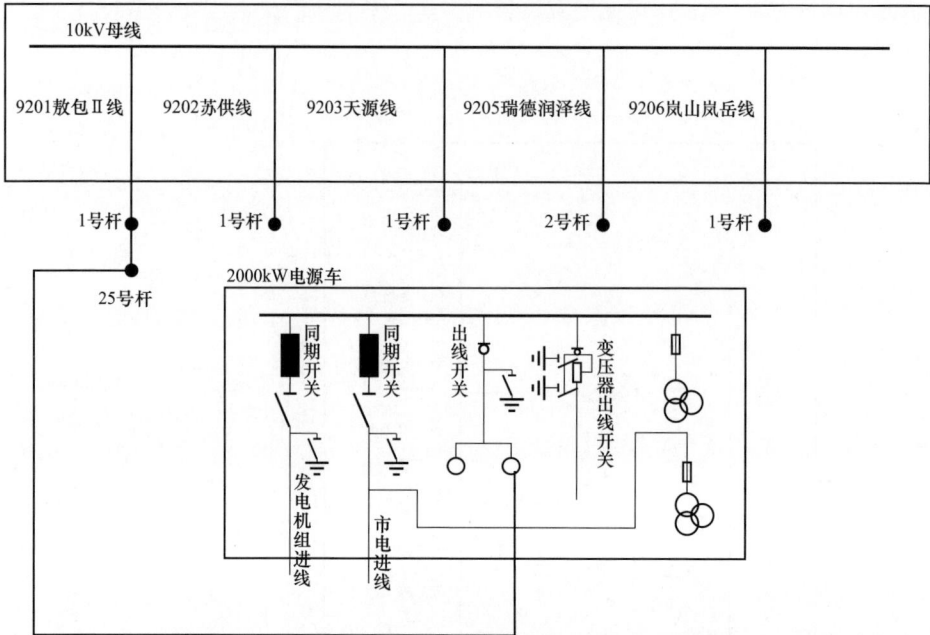

图 8-3　9201 敖包 II 线中压发电车接线示意图

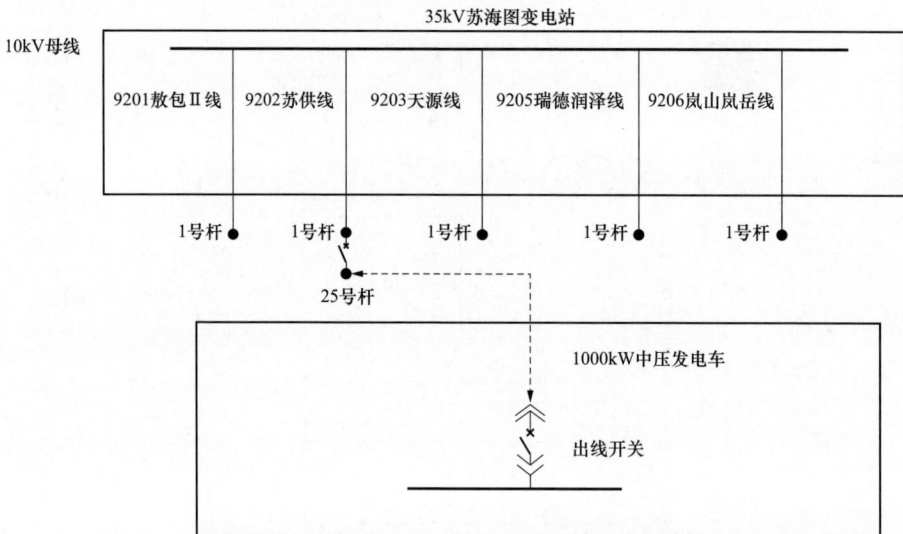

图 8-4　9202 苏供线中压发电车接线示意图

（3）因故障原因造成重复停电。如设备质量、自然因素、外力破坏、客户侧等。

2. 避免重复停电的措施

（1）在编制综合停电计划时，要以主要设备预防性试验、大修和改造等周期性较强的项目为基础，根据电网实际情况合理编排停电计划。

（2）要按照"先算后用、边算边用"的原则，认真审核综合停电计划。及时计算出每条线路的重复停电次数，检查是否存在管理不善和工程质量等方面问题，并对年度总体计划、设计方案、实施进度以及带电作业的开展等方面进行优化，达到以最小停电时户数实施最大工程量的要求。

（3）加强与城建规划、市政建设部门的沟通协调，减少因市政工程建设引起的突发停电，对市政电缆入地等大型工程，要先将主干电缆主设备充电运行，最后将分支线和原架空线一次进行割接，避免重复停电。

（4）加强农村电网工程停电前的施工准备。应确保施工单位人员、机具就位、材料齐备及环境布置等停电前可完成工作，积极协调青苗赔偿、施工用地和走廊通道等易造成施工受阻的问题，推行工厂化预装、提前完成变压器引出线、拉线和接地线等配件加工制作，集中配送，统一工艺，提高工作效率。

（5）加强业扩环节内部流转机制。在编制停电计划时，将需要停电接入的业扩用户工程，列入综合停电计划。

（6）施工单位和监理单位应严格把好质量监督和竣工验收关，严防在施工过程中因检修质量和工艺不良，造成新设备和检修后的设备投运后无法实现"零缺陷"。管理部门对检修后的设备进行质量跟踪和考核，使施工和检修的每一个质量环节都具有可追溯性。

（7）减少设施重复停电。要求各类元件应选用面广量大、质量好、可靠性高、寿命大、免维护或少维护的设备，逐步推行带电检测和红外测温技术。根据设备运行状况，合理调整检修周期，减少检修项目，由原来的"到期必修"变为"应修必修"。

（三）标准化作业时间管理

标准化作业时间管理，是对工程停电和检修停电作业时间的具体量化，是提高供电可靠性的重要管理手段。各供电单位应对影响供电可靠性指标的关键点作出标准化规定，对停电下令时间、操作时间、工作完毕汇报时间以及不同设备检修试验的期望工期作出科学规定，促进生产流程的标准化与精益化管理。停电检修的各个流程应环环相扣，做到停、送电过程"零缝隙"管理，缩短电网停电的时间，提高电网的可靠水平。

1. 实施标准化作业时间管理的原因

标准化作业时间指标准化作业项目核定的施工作业时间，不包含线路停送电时间，计划工作时间指标准化作业时间再加上停送电时间。

在配电网的架空线路、电缆线路和配电站房等工程建设改造工作中，申请停电作业时间缺乏科学统一的量化标准，在一定程度上存在随意性，作业时间难以控制、作业效率低，影响供电可靠性。

变电（配电）运行部门操作人员的停送电操作过程，缺乏科学统一的量化标准，存在一定的随意性。受令后到达现场时间、操作时间及回令时间等难以控制，容易造成停电不能按时停电，影响施工和检修人员工作进度，送电时不能及时恢复用户供电，影响供电可靠性。

2. 标准化作业时间定额的制订过程

（1）通过对配电网架空线路、电缆线路设备和配电房设备等典型设计施工方案的分析。对配电工程施工中，不同地理环境和地质条件，不同作业工具的施工时间分析，总结施工安装工艺程序经验，对工程的施工工程量与施工时间进行量化分析，建立配电工程不同类的施工作业时间定额。

（2）根据不同工作内容，制订出相应的标准化作业核定标准表，为停电计划的合理编制提供依据，提高综合计划停电管理水平。

（3）通过对本单位不同操作项目操作时间的归纳统计，结合公司系统其他单位平均水平，制定出不同操作项目相对应的标准化操作核定标准表，减少停送电操作时间。

（4）通过标准化作业时间管理，实现配电线路设备停电检修和施工作业计划时间量化控制管理，按工作量作业环境决定停电时间，消除宽打窄用现象，减少停电作业时间，提高配电网供电可靠性。

（5）标准化作业时间制订方法包括作业流程逐级分解汇总法、历史数据统计归纳法、作业竞赛和技能比武标准法以及公司系统平均水平参考法等。

3．标准化作业时间管理具体措施

凡属于标准化作业项目的计划工作，均按照核定的标准化作业时间再加上停送电时间核定该项工作的计划工作时间；各项作业施工前，必须进行现场勘测，制定科学周密的施工方案；施工单位在计划工作前应做好各项施工准备，一般不允许延期，遇到特殊情况要及时与调度人员联系，提前申请延期并经调度人员批准。实行计划工作预汇报制度，根据现场实际情况，在预计施工结束半小时，向调度人员通知变电站做好送电准备；施工管理人员要不定期到施工现场检查施工情况，加强施工过程管理，提高施工作业水平。

4．标准化作业时间管理示例

某地市公司配电标准化参考作业时间核定表见表8-4。

表8-4　　　某地市公司配电标准化参考作业时间核定表

序号	作业项目	原工作时间（h）	标准化参考工作时间（h）
1	新立1基直线杆	5	3
2	新立1基耐张杆	7	4.5
3	新架或更换1台ZW32开关	5	4
4	1～4基杆塔移位（新立杆）	10	7

序号	作业项目	原工作时间（h）	标准化参考工作时间（h）
5	1～4 基杆塔移位（用旧杆）	12	10
6	1～4 基架空改电缆	10	7
7	更换 1～4 基架空导线	12	4.5
8	新并 2 面开关柜	6	5
9	短接 2～3 条电缆	7	6.5
10	恢复 2～3 条电缆	7	5
11	制作 1～2 个交联热缩户内终端头	4	3.5
12	制作 1～2 个交联冷缩户内终端头	4	3.5
13	制作 1～2 个交联热缩户外终端头	5	4.5
14	制作 1～2 个交联冷缩户外终端头	5	4.5
15	制作 1 个交联中间对接头	6	5.5
16	变压器台架改造（包括更换变压器）	10	4

第五节　运维检修环节的主要措施

运维检修管理是供电可靠性管理的另一个重要环节，加强运维与检修管理，可以有效降低设备检修和故障次数，提升供电可靠性指标。本节重点介绍在运维检修环节提升供电可靠性管理的主要措施。

一、配电网巡视与运行维护管理

1. 开展配电网网格化运维

根据市政规划、供电范围、负荷特性和用户需求等特点，合理划分供电网格和供电单元，落实设备主人管理责任制，常态化开展配电网设备、电缆及通道、树障及异物短路等缺陷隐患排查治理，扩大带电检测新技术应用、提升设备缺陷隐患发现处理能力。加强配电网运行状态管理，定期组织配电网薄弱环节分析。差异化制定设备巡视、设备检测和隐患排查计划。坚持"应修必修、修必修好"的原则，开展配电网缺陷隐患排查治理工作，落实治理成效闭环管理措施。

2. 提升配电网精益化分析

全面开展配电网运行监测，建立每发生一个故障都要进行多维度分析，通过先采取运维措施临时恢复，然后申报工程项目进行彻底治理的专题分析机制，加强重过载和频繁停电线路，配电变压器专项治理，系统梳理近三年"三高一长"、频繁停电和三相不平衡等问题，按照"一条线路出具一个对策，一个台区提出一个方案"的原则进行治理，提高配电网健康运行水平，持续压降配电网故障停电。

3. 优化配电网抢修机制

开展配电网应急抢修组织管理，推进配电网运维检修和抢修服务一体化，强化备品备件管理，合理布置网格化抢修驻点，优化抢修半径，缩短抢修到场时间，建立故障抢修主、配电网联动机制，提升故障快速研判和准确定位能力，加强抢修过程管控，缩短故障处理时间。对受到故障停电影响的居民小区和重要用户，应按照"先复电、后抢修"的原则，及时采用转供电和应急发电等措施，先行恢复用户供电，再组织故障抢修。

4. 提高应急处置能力

组织制订各类事故应急处置预案，理顺应急处置业务流程，定期开展应急、消防和防汛等演练。加强区域协作及专业协同，开展应急抢修梯队建设，逐步构建实用、灵活、安全的应急抢修及负荷转供机制，为应急抢险提供强力支撑。

二、配电网防外力破坏管理

配电网防外力破坏工作是电网安全运行、提高城市供电可靠性的重要内容，应在政府的指导和社会各方面共同努力下，通过各种管理措施降低外力损（破）坏事件的发生率。

（1）运维单位应建立外力破坏风险点特巡特护机制，重点关注线缆通道标识标志是否完整、齐全，加强与政府规划、市政等有关部门的沟通，及时收集本地区的规划建设及施工等信息，及时掌握外部环境的动态情况与线路通道内施工情况，全面掌握其施工状态。

（2）运维单位应加大防护宣传，提高公民保护电力设施重要性的认识，定期组织召开防外力破坏工作宣传会，防止各类外力破坏，及时发现并清除缺陷和隐患。

（3）对经同意在线路保护范围内施工的，运维单位应严格审查施工方案，严格审批施工电源接入方案，制订安全防护措施，并与施工单位签订保护协议书，明确双方职责，施工前应对施工方进行交底，包括路径走向、架设高度、埋设深度和保护设施等；施工期间应安排运维人员到现场检查防护措施，必要时进行现场监护，确保施工单位不擅自更改施工流程。

（4）对临近线路保护范围内的施工，运维人员应对施工方进行安全交底（如线路路径走向、电缆埋设深度和保护设施等），并按不同电压等级要求，提出相应的保护措施。

（5）对未经同意在线路保护范内进行的违章施工、搭建和开挖等违反《电力设施保护条例》和其他可能威胁电网安全运行的行为，运维单位应立即进行劝阻和制止，及时对施工现场进行拍照记录、发送防护通知书，必要时应现场监护并向有关部门报告。

（6）当线路发生外力破坏时，应保护现场，留取原始资料。及时向有关管理部门汇报；对于造成电力设施破坏或事故的，应按有关规定索赔或提请公安、司法机关依法处理。运维单位应定期对外力破坏防护工作进行总结分析，制定相应防范措施。

三、配电网设备状态检修

伴随着设备设计和制造水平的提高，电力设备的质量和性能不断提高，很多设备在使期年限内已达到免（少）维护水平，若仍沿用目前长期采用的定期检修管理模式已不太合适，鉴于这些原因，提出了以设备状态为依据的新型的状态检修制度。要实现以设备状态为依据的检修，则必须要对设备的运行状况有一个准确的认定，这就需要有先进完善的监测技术和科学诊断手段，以及相配套的状态评估和风险评估体系。

状态检修包括状态检测、状态评估和优化决策 3 个环节。3 个环节是依次推进的，前一项是后一项的基础，三者之间也相互影响、相互调整的。

（一）状态检测

电力设备在运行过程中，由于种种原因，其运行状态会不断变化。监控与诊断技术的根本任务是掌握设备的运行状态，即在运行过程中或在基本不拆卸的情况下，采用各种测量、分析和诊断方法，结合设备的历史状况和运行条件，弄清设备所处的客观状态以及发展趋势，这就是状态检测的真正含义。

1. 状态检测的主要内容

状态检测为在不影响设备正常运行条件下，将监测仪器长期安装在被检测设备上的在线状态监测，或不固定在被测设备上而是由监测人员现场安装或使用的离线状态监测；需中断设备运行或利用外施电压对设备进行的状态检测试验（又称诊断试验）。状态检测有信号（状态量）检测、特征量提取、状态判别与模式分类、趋势预测等几项内容。在检测过程中，特征量的提取是关键，在监控过程中，通过模式分类和趋势分析来进行状态判别。

2. 状态检测和诊断的主要技术

（1）预防性试验。电力设备的预防性试验已成为电力生产中的一项重要制度，对设备安全运行发挥着很大的作用。但预防性试验也有其局限性，比如需停电进行、盲目性大、针对性不强、试验条件与运行条件存在差异，以及预防性试验合格后仍然会出事故等，其试验项目还有待完善。

（2）检测技术。基于电力设备被检测对象的不同，其监控内容、来源和获取方法也呈现出多样性，对变压器而言，作为常规试验项目的直流电阻、绝缘电阻、吸收比、极化指数、介质损耗、局部放电以及微机保护中监测的电压、电流、功率和功率因数等可以作为电信号状态量，而对于振动、噪声、压力、温度、气体成分、水分含量、超声波和红外热像等可作为非电信号状态量。由此，状态检测技术可分为电量检测技术和非电量检测技术。

（二）状态评估

状态评估是在状态检测的基础上，综合运行环境、负荷及检测量等历史数据，综合同类家族检修记录和缺陷记录，利用专家经验建立评估模型，对设备状态进行评估。

（三）优化决策

优化决策是对设备是否检修和更换的决策过程，有两种状况：①检修周期调整；②检修和更换的决策。

1. 检修周期的调整

经过状态评估，若设备没有到非换不可的地步，则主要检修方式有立即维修、延长检修周期和缩短检修周期三种方式。立即维修是针对有缺陷且非停电检修不可的设备，而延长和缩短检修周期是针对家族性的设备。通过设备家族评估，确定科学的检修工艺，备品备件，确保检修质量，最大程度减少设备停电和检修无效时间。

2. 检修和更换的决策

设备到寿命周期末期，就需要判断是否继续运行，是检修后运行还是更新改造，判断的过程就是优化过程。其判断结果就是决策。决策方法有多种多样，主要有以供电可靠性为中心的检修策略（RCM）、全寿命周期成本（LCC）管理策略、状态检修（CBM）策略和设备风险评估等。

由于各地区的设备、人员素质、供电可靠性要求和运行环境不一样，不能采用"一刀切"的办法，应结合本地区实际情况、因地制宜地开展决策工作。电气设备状态检修优化决策可由全寿命周期成本与设备风险评估法结合构成。其决策因子为状态评估决策、全寿命周期成本报告、设备在电网中的重要性，以及故障后对供电可靠性带来的后果程度（监管惩罚）等。

第六节　营销服务环节的主要措施

营销服务管理是供电可靠性管理一个重要环节，旨在打造优良电力营商环境和提升配电网运营服务能力，是推动配电网高质量发展和不断提升供电可靠性水平的必要条件。本节主要介绍营销服务环节提升供电可靠性管理的主要措施。

一、提升"获得电力"指数，优化营商环境

1. 强化主动服务地方经济发展意识

积极融入地方城市发展规划，争取地方政府在电网规划编制、电力建设走廊审批以及配电网改造等方面的政策支持。进一步整合服务资源，扩大服务范围覆盖面，进行"延伸"服务，强化服务资源向提升供电可靠目标聚焦。

2. 完善主动对接机制

加强与政府、企业客户沟通，超前掌握招商引资等大中型企业客户用能规划、投产安排等信息，提前启动园区电网规划编制、配套电网工程前期工作，提前解决电网接入受限问题，满足客户接电需求。完善服务咨询机制，组建由大客户经理和专业人员组成的"1+N"服务团队，提供供电方案预编制等前期咨询服务，指导客户合理确定内部用能方式、配电设施容量、选址和布局，切实提升配电网可靠供电能力。

3. 加强专业协同和标准化建设

加大典型供电方案、标准化设计和标准化物料应用，加强业扩配套工程和客户内部工程标准化建设，实行业扩配套工程建设限时制，推动业扩工程公开、透明。强化服务保障，优化业扩项目包和物资协议库存等管理模式，提高客户业扩报装不停电作业比例，量化考核评价业扩带电接火率，提升装表接电效率。

4. 加强用户侧安全用电管理

加强用户设备的竣工验收、定期试验和内部故障管理，推进用户

分界开关加装，规范保护定值整定，降低用户故障对公用电网的影响。用电检查人员在提报月度停电计划需求前，会同设备运维部门勘察现场、拍摄现场照片供不停电专业人员研判不停电作业可行性，确定施工方案；提前与用户沟通，了解客户特殊需求，做好配合停电工作。

二、增强配电网运营服务能力

1. 开展网格化综合服务体系建设

统筹现有服务资源、推进城区和农村配电网运营服务网络化，组建营配融合的基层供电服务机构，支撑网格化综合服务班组和全能型供电所建设，实现"一张工单、一支队伍、一次现场、一次办结"。

2. 增强客户互动能力

强化停电信息主动告知服务，实现计划停复电信息预通知主动推送，故障停电信息系统自动生成，"点对点"精准推送到户。利用物联网和移动 App 等智能终端，拓展"互联网+"渠道功效，强化公司客户服务人员、现场抢修人员、台区经理和用电客户间多方互动，做到使客户对抢修复电进程实时感知，促进用电体验有效提升。

3. 做好重大活动电力保障

制订重大活动保电工作规范，依据"政府主导、客户主体、电力主动"的三位一体原则，完善保电总体工作方案和专业保障子方案，明确保电范围和工作责任，按照职责做好专业指导和现场督查。重大活动保电须与保电用户签订保电协议，明确双方职责和界面。

第九章

供电可靠性数据分析与应用

供电可靠性数据分析是供电可靠性管理的重要工作之一，是供电可靠性数据应用的前提和基础。如何从大量的供电可靠性原始数据中挖掘出有用信息指导配电专业管理，是供电可靠性数据分析的重要任务。通过供电可靠性数据分析可以定位配电网网架或管理中的薄弱点，结合配电网的实际状况，有针对性地采取各种有效措施，应用至配电专业管理的各相关环节，以提高配电网的供电可靠性。定期对供电可靠性数据进行分析，对于改进配电专业管理及提高配电网供电可靠性具有重要意义。

第一节　供电可靠性数据分析基础

供电可靠性数据分析是可靠性闭环管理的一个重要环节。供电可靠性管理工作在指导电力企业生产建设中能否发挥重要作用，与供电可靠性数据分析的深度和广度有密切关系。

一、分析方法

对反映用户供电可靠性的各类统计指标进行科学有效的分析与评估，是评价电网结构、装备和管理水平、查找供电系统管理各环节存在问题的有效手段。通过对用户供电可靠性主要指标的分析和对比，能更全面地了解指标的变化情况及供电可靠性管理水平。例如在对供电可靠性数据分析时，"故障停电平均持续时间"这个指标反映了一个企业的故障抢修管理水平。

对供电可靠性数据进行分析时，一般采用纵向对比分析法、横向对比分析法以及类别比较分析法等。

（1）通过对近几年某些关键可靠性指标值的变化趋势和变化幅度进行分析比较，从中找出变化规律和薄弱环节，提出改进的意见和建议，调整今后的工作方向及工作方式。这种方法即为纵向对比分析法。

（2）通过对公司系统下属所有企业的同一指标值进行比较分析，如系统平均故障停电时间的对比，找出某一企业供电可靠性管理水平在公司系统中所处的位置，这种方法即为横向对比分析法。

（3）对供电可靠性基础分析时，对故障停电的不同责任原因进行比较，找出对供电可靠性指标影响最大的几种停电种类，以确定专业管理工作改进的方向，这种方法即为类别比较分析法。

二、分析流程

供电可靠性数据分析流程示意图如图 9-1 所示，其一般可分为了 3 个步骤。

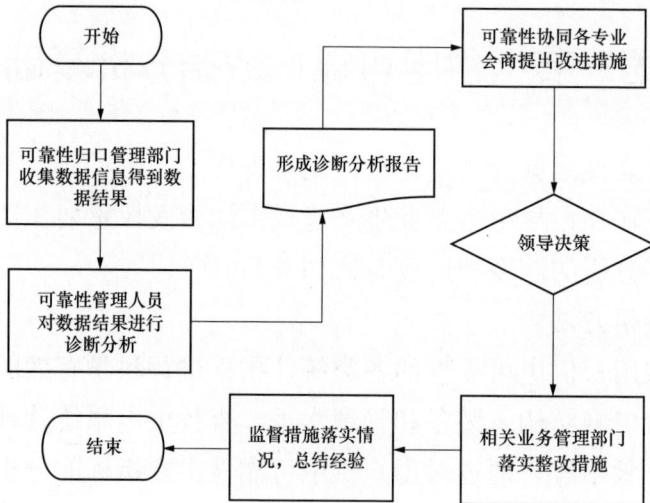

图 9-1　供电可靠性数据分析流程示意图

（1）供电可靠性归口管理部门对供电可靠性数据指标进行归纳、

整理和汇总，深入分析供电可靠性数据反映出的问题及关键因素，提出供电可靠性管理工作改正措施，形成诊断分析报告。

（2）供电可靠性归口管理部门组织各业务管理部门如规划、建设、采购、运维、调度、客服、科技部门进行会商，对得出的诊断分析结果结合现场工作实际进行深层次的分析，找出供电可靠性管理相关环节方面存在的问题，各专业部门对分析结果所需解决的各项问题，列出整改措施，并列入本部业务计划中逐项解决。

（3）各相关业务管理部门根据会商分析会议制订的改进措施，经领导决策，在后续业务管理工作中付诸实施，并将实施结果反馈至供电可靠性归口管理部门。

在开展供电可靠性数据诊断分析的过程中，会商分析非常重要。因为在会商分析会议上，业务管理部门参与分析，能更容易找出问题存在的根本原因，制订出更加科学合理的改进措施。

三、分析内容

对用户供电可靠性数据进行分析，主要从系统平均停电时间、系统停电时户数、系统平均停电频率、各类设施故障停电率等方面进行。也可以按照停电责任原因进行诊断分析，如对停电损失分布进行分析，找出停电影响最大的部分，据此确定管理工作的重点环节；对停电次数进行比较分析，尤其是对重复性停电进行分析，可以真实反映运行管理水平；对预安排停电工作的重复性停电进行统计分析，可以判断综合计划管理水平；对故障停电的重复性停电进行统计分析，可以找出电网设施运行薄弱点，并有针对性地进行线路改造工作；另外，同一停电责任原因分类中的几种不同停电责任原因停电，可以按照停电时间进行比较分析，从侧面比较各种停电工作或故障处理的管理水平。

（一）供电可靠性指标对比分析内容

（1）将系统平均预安排停电时间与系统平均故障停电时间进行对比。系统平均预安排停电时间和系统平均故障停电时间之和是系统

175

平均停电时间。系统平均预安排停电时间与系统平均故障停电时间指标对比，可以看出预安排停电和故障停电对系统平均停电时间的影响。

（2）将预安排停电平均持续时间与故障停电平均持续时间进行对比。预安排停电平均持续时间是平均每次预安排工作停电对用户造成的持续停电时间，主要反映计划工作以及施工和检修方案的合理性。故障停电平均持续时间是平均每次故障停电对用户造成的持续停电时间，主要反映平均每次故障停电的恢复能力，以及事故抢修的反应能力和处理能力。

（3）将系统平均停电时间与扣除系统电源不足限电后的系统平均停电时间进行对比。通过此项对比，可以看出系统电源不足限电的影响，然后对本统计周期内系统电源不足限电的原因进行详细分析，并与近几个统计周期内的限电进行对比。

（4）将系统平均故障停电频率与系统平均预安排停电频率进行对比。系统平均故障停电频率与系统平均预安排停电频率之和是系统平均停电频率，分别反映了停电事件的两种停电性质对用户的影响。系统平均故障停电频率主要体现电网设备健康状况以及配电网设施管理维护水平等。系统平均预安排停电频率主要体现综合计划停电管理水平（包括电网施工计划和电网检修计划的合理性等）以及网架结构情况等。

（5）将预安排停电平均用户数与故障停电平均用户数进行对比。预安排停电平均用户数是每次预安排工作停电造成的停电用户数，主要反映预安排工作中施工、检修方案的合理性和配电网结构的合理性。故障停电平均用户数是每次故障停电造成的停电用户数，主要反映配电网或上一级电网的结构合理性和配电网技术装备水平等。

（6）将系统故障停电时户数与系统预安排停电时户数进行对比。通过此项对比，可以看出这两个因素对停电原因影响的比例，并按纵向对比分析和横向对比分析的方法进行对比分析。

（7）将架空线路故障停电率、电缆线路故障停电率、变压器故障停电率和断路器故障停电率进行对比。通过对比分析可以看出故障停电中不同设备类型所占的比例以及占主要影响的设备类型，而且通过每类故障设备部件的统计可以找出造成设备故障的各类原因，并据此采取相应的整改措施。

（二）按停电责任原因分析

1. 故障停电分析

（1）对故障停电按照故障设施分类进行对比分析。按照停电设施分类对比 10kV 配电网设施故障、10kV 及以上输变电设施故障、低压设施故障和发电设施故障，可以反映电网各部分设施故障对用户停电的影响。分析说明了统计周期内数据对比的变化情况，如果变化幅度较大则要进行重点分析。

（2）对 10kV 配电网设施故障按照停电的责任原因类别进行对比分析。通过对比设计施工、设备原因、运行维护、外力因素、自然灾害和用户影响 6 类故障停电责任原因，可以对配电网设施故障按照详细的责任原因分类进行个体分析和对比分析，为提出相应的管理改进措施提供依据。

1）对规划、设计不周和施工、安装原因进行对比和分析。通过对构成设计施工环节的 2 项分类原因指标进行个体分析和对比分析，可以反映相关的管理问题，从而有针对性地提出管理和技术改进措施。

2）分别对产品质量原因和设备老化进行分析。作为设备原因的 2 项分类指标，除了对指标进行个体分析和对比分析外，还要按照实际的设备分类（如变压器、熔断器、开关、电缆、架空线和各类线夹等）进行具体分析，分别提出相应的管理和设备选型改进措施。

3）对检修试验质量原因、运行管理原因和责任原因不清进行对比分析。作为构成运行维护的 3 项分类指标，通过对其进行分析可以看出各个因素对用户停电的影响。尤其对停电责任原因不清因素要做具体分析，提出相应的管理改进措施。

4）对交通车辆破坏、动物因素、盗窃、异物短路、外部施工影响和其他外力因素进行对比分析，作为构成外力因素的 6 项分类指标，通过对其进行具体分析可以分别对各种外力因素提出相应的管理改进措施。

5）分别对气候因素和自然灾害进行分析说明。通过分析自然因素造成的故障停电，可以看出其对用户停电的影响，并结合电网设计、设备选型和运行维护管理工作等方面提出相应的管理和技术改进措施。

6）单独对用户影响进行分析说明。对用户影响要进行年度数据的对比分析，对年度用户设施管理工作进行评价，查找存在的问题。

（3）对 10kV 以上输变电设施故障按照设施分类进行对比分析。对输变电设施故障细化分类进行对比分析，是为了反映目前设施维护策略是否合理、还存在哪些问题，从而提出相应的管理改进建议。

（4）单独对低压设施故障进行对比分析。对低压设施故障同样要做年度数据的对比分析，若数据变化较多，则应进一步分析主要故障原因，提出相应的改进措施。

（5）单独对发电设施故障进行分析。发电设施故障虽然是一个外部影响因素，但通过深入分析可以反映电网可靠性的充裕性，以及反映电网故障后调整运行方式的应急预案是否合理。

结合上述分析对故障停电影响较大的因素进行排序，总结对故障停电类的改进措施。

2. 预安排停电分析

（1）对预安排停电按照停电工作性质分类进行对比分析。对比检修停电、工程停电、用户申请、限电、调电和低压作业影响，其中限电包含供电网限电和系统电源不足限电。

（2）对检修停电类中的计划检修与临时检修进行对比分析。计划检修与临时检修作为生产管理的重点工作，除了做对比分析外，还应对指标在生产实际工作中的具体工作项目（如有计划的设备消缺、临时处理设备异常、设备清扫和设备试验等）进行深入分析，以进一步总结检修工作，提出改进建议。

1）对计划检修停电按照设施分类进行对比分析。通过对 10kV 配电网设施计划检修、变电站 10kV 设施计划检修、35kV 设施检修、110（66）kV 设施检修、220kV 以上设施检修和外部计划检修 6 类指标进行分析，可以看出这 6 类计划检修工作所占此例，其中应主要侧重年度指标的对比分析。

2）对临时检修停电按照设施分类进行对比分析。通过对 10kV 配电网设施临时检修、10kV 馈线系统设施临时检修、10kV 母线系统及以上设施的临时检修和外部电网设施临时检修 4 项分类指标进行分析，可以看出这 4 类计划检修工作所占比例，其中应主要侧重年度指标的对比分析。

（3）对内部计划施工停电、业扩工程停电、市政工程建设施工停电和外部电网建设施工停电进行对比分析。除了对这 4 项工程施工管理做对比分析外，还应对 4 项工程停电在生产实际工程管理工作中的具体项目进行深入分析，以进一步总结工程施工管理工作，提出改进建议。

（4）对用户申请停电进行单独分析。对用户申请的分析要通过年度数据对比分析影响停电比例的合理性，并对年度用户申请停电的特殊因素进行单独分析。

（5）对限电中的供电网限电进行单独分析。分析应由调度专业配合做年度分析，提出下一步运行方式的调整依据和电网改造计划。

（6）对调电因素进行单独分析。调电因素作为预安排停电的一种特殊类型工作，除了分析年度的调电次数和平均每次调电时间外，还应分析除调电因素外的年平均预安排停电时间、次数、持续时间和用户数等指标。

结合上述分析和对预安排停电影响较大的因素进行排序，总结对预安排停电类的管理和技术改进措施。

第二节　供电可靠性数据分析应用

通过对供电可靠性数据的统计分析，形成供电可靠性分析报告，形成定期发布制度，规划、运维、营销、基建、物资和调控等各业务管理部门应主动应用可靠性数据统计分析结果，发挥可靠性数据的指导服务作用，指导本部门相关工作的开展，提高可靠性管理及其他相关专业管理水平。

一、供电可靠性数据应用范围

供电可靠性数据应用涉及配电网安全生产各个业务管理环节。例如：

（1）规划（设计）部门可将历年供电可靠性数据分析结论应用于电网规划、设计工作，可以避免出现因规划设计不周等原因造成的配电网可靠性水平下降，进一步完善配电网规划设计工作中的成本与效益分析，提高配电网供电可靠性水平。

（2）安监部门在开展配电网设备安全检查时，可以将供电可靠性数据分析结果应用于现场安全状况的监督检查，查找配电网存在的安全隐患及缺陷等问题，减少故障次数，提高安全可靠性。

（3）生产运维部门可以将供电可靠性数据分析结果应用于技术改造、检修项目前期论证，也可应用于综合检修计划、停电计划管理、设备状态评价和缺陷管理。

（4）营销部门可以将供电可靠性数据分析结果应用于用户报装接电和设备管理，指导用户合理安排设备检修，督导用户制订落实整改措施。

（5）基建部门可将供电可靠性数据分析结果应用于工程施工过程管理，提高新投运设备的可靠性水平。

（6）物资部门可充分运用供电可靠性数据分析结果，优选可靠性高、质量优良的设备，提高配电网装备水平。

（7）调度部门可将可靠性数据分析结果应用于停电计划管理，优化电网运行方式。

二、供电可靠性数据应用方向

（一）供电可靠性基础数据应用

供电可靠性基础数据应用主要是通过对高压配电网网架结构、中低压配电网网架结构和配电网装备水平等数据进行统计和评估，提出电网建设的投入方向和改进建议。

1. 完善高压配电网网架结构

高压配电网一般需要在一条高压配电线路或一台变压器停电时，电网仍能满足用户全部用电的需求。为此，变电站进线通常至少要有2条及以上，且满足"N-1"准则的要求。反映高压配电网网架结构的指标主要是110（66）kV变电及线路设备"N-1"校验通过率和35kV配电网双侧电源三T、双T及双回链式比例。通过这些指标的横向对比分析，判断高压配电网是否坚强，并针对其中的薄弱环节向规划部门提出完善高压配电网的工作建议。

2. 完善中低压配电网网架结构

中低压配电网的设备发生故障或计划检修，往往会造成供电系统对用户的供电中断。改善中压10（20）kV配电网络的结构，建立双回路供电、环网供电、点网络供电及多分段、多联络等各种形式的供电网络结构，对提高用户供电可靠性具有重要的作用。对于配电网的改造和建设，应执行适度超前的规划原则，采取合理布置电源、确保双电源配置、配电站加装10kV母线自动切换装置和缩短供电半径等措施，增加配电网操作灵活性和负荷转移的快速性，逐渐形成坚强的配电网构架。10（20）kV主干电网要满足"N-1"准则，重要地区要满足"N-1-1"或"N-2"准则，同时要注意提高设备的负荷利用率。反映中低压配电网网架结构的指标主要是电缆双环网、电缆单环网、架空线路多分段、多联络、"手拉手"线路比例、线路平均供电半径、线段平均用户数、双电源用户数、线路负载率及公用变压器负载率等。通过这些指标的横向对比分析，判断中低压配电网是否坚强，并针对其中的薄弱环节向规划部门提出完善中低压配电网的工作建议。

3. 提高配电网装备水平

加快实现新技术、新工艺、新材料和新设备的普及程度，实现设备的绝缘化、免维护化和标准化。反映配电网装备水平的指标主要是变电站综合自动化率、变配电站微机保护率、线路绝缘化率、线路电缆化率、开关无油化率、开关设备故障率、变压器故障率、环网柜（分接箱）故障率、混凝土杆比例、配电自动化线路比例、生产管理系统（PMS）实用化率和地理信息系统（GIS）数据准确率等。通过这些指标的横向对比分析，判断配电网装备水平是否达到较高水平，是否满足用户对供电可靠性的需求，并针对其中的薄弱环节向规划部门提出改进和提升配电网装备水平的工作建议。

（二）供电可靠性主要指标数据应用

供电可靠性指标是直接反映供电系统对用户持续供电能力的量化数值。平均供电可靠率 ASAI-1 和系统平均停电时间 SAIDI-1 指标反映统计期间内供电系统对用户持续供电的时间，是供电可靠性评价的关键指标，是对供电企业供电能力和供电可靠性管理的综合评价指标。各级可靠性管理人员应通过分析平均供电可靠率 ASAI-1 指标，对供电企业整体供电可靠性进行评价，对供电能力和供电质量进行评价，并细化分析影响指标的因素，提出改进措施，提升供电可靠性。系统平均停电频率 SAIFI-1 指标反映统计期间内，供电企业预安排停电和故障发生频次，它既受停电施工和停电检修计划合理性影响，又受供电系统健康水平和故障发生率影响。供电可靠性管理人员应对预安排停电和故障停电的次数比例、时户数比例进行分析，找出影响系统平均停电频率的主要原因及工作中存在的问题，有针对性地采取管理及技术措施，减少系统平均停电频率。

1. 故障停电数据应用

（1）故障停电主要指标数据应用。故障停电指标中系统平均故障停电时间、系统平均故障停电频率、故障停电平均用户数、故障停电平均持续时间反映统计期间内供电企业故障停电发生频率和故障停电对用户有效供电时间的影响。其中系统平均故障停电频率反映供电企业在统计期间内故障发生的频率，是供电设施健康水平、外部因素影响和供电企业运维管理水平的直接体现；故障停电平均用户数反映供电企业在统计期间故障停电平均影响范围，是中低压配电网合理性和上一级电网网架结构水平的直接体现；故障停电平均持续时间反映供电企业对每次故障停电恢复能力的水平，是供电企业事故预案、故障查找、故障处理及抢修人员管理水平的直接体现。系统平均故障停电时间是上述三个指标的综合体现。

某地市公司 2023 年故障主要指标如图 9-2 所示，通过纵向对比分析，该公司故障停电类指标均比上年同期有所下降，反映出公司故障

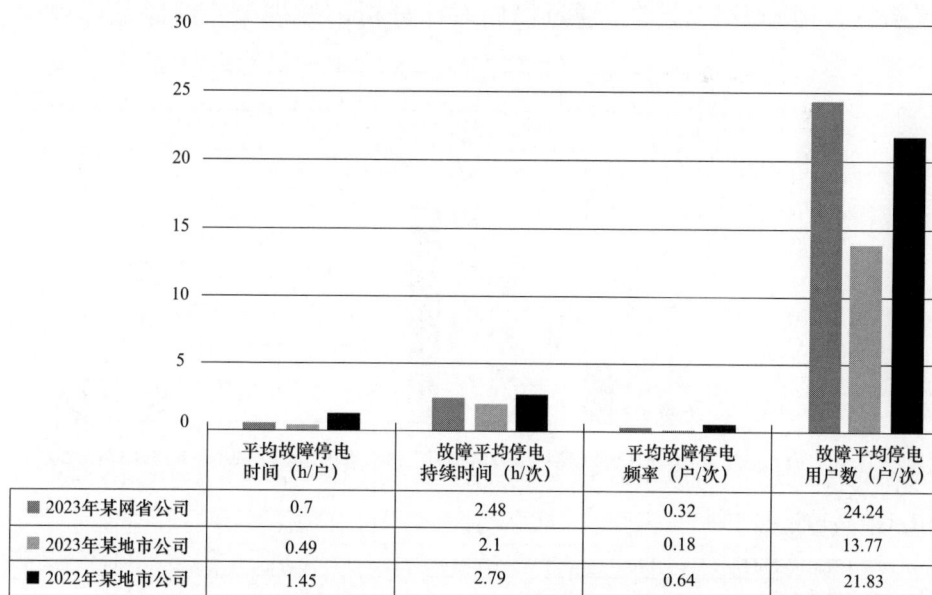

	平均故障停电时间（h/户）	故障平均停电持续时间（h/次）	平均故障停电频率（户/次）	故障平均停电用户数（户/次）
2023年某网省公司	0.7	2.48	0.32	24.24
2023年某地市公司	0.49	2.1	0.18	13.77
2022年某地市公司	1.45	2.79	0.64	21.83

图 9-2　某地市公司 2023 年故障主要指标图

停电管理工作比上年有明显进步。通过横向对比分析，该公司故障停电平均用户数和故障停电平均持续时间在省公司系统排名落后，反映出该公司在配电网架结构水平、线路联络和分段数量、故障处理速度等方面落后于省公司系统其他单位。建议该公司应重点加强配电网络建设，增加线路联络和线路分段，加强故障抢修力量，提升故障处理速度，改善公司故障停电类指标。建议该公司可靠性归口部门与计划、工程专业部门会商进一步分析。

故障停电指标中的架空线路故障停电率、电缆线路故障停电率、变压器故障停电率、断路器故障停电率等指标是供电设施可靠性统计指标，反映出各类供电设施发生故障的频率及各类供电设施故障占总停电设施比例情况，是各类供电设施健康水平的直观体现。

某地市公司 2023 年主要设备故障停电率分布如图 9-3 所示，通过纵向对比分析，发现电缆故障停电率较上年同期上升，反映出电缆故障发生次数较上年同期有明显上升，主要原因是 2023 年有部分电缆线路新投，故障发生较多。通过横向对比分析，发现架空线路故障停电

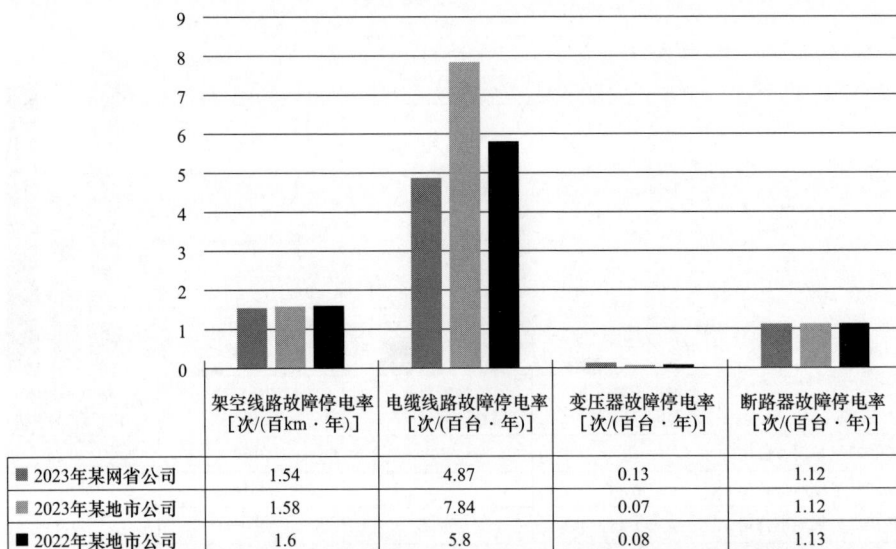

	架空线路故障停电率 [次/(百km·年)]	电缆线路故障停电率 [次/(百台·年)]	变压器故障停电率 [次/(百台·年)]	断路器故障停电率 [次/(百台·年)]
■ 2023年某网省公司	1.54	4.87	0.13	1.12
■ 2023年某地市公司	1.58	7.84	0.07	1.12
■ 2022年某地市公司	1.6	5.8	0.08	1.13

图 9-3　某地市公司 2023 年主要设备故障停电率分布

率在省公司系统排名落后。建议该公司应重点加强架空线路故障停电管理，从提高架空线路的绝缘化率、减少架空线路外力破坏以及提高架空线路运行检修状况等方面采取措施加以控制。同时，该公司应重点提升电缆验收质量，同时加强电缆线路停电管理，提升电缆线路运行维护力度，采用带电检测等技术，减少电缆故障发生次数。建议该公司可靠性归口部门与工程、物资专业部门会商进一步分析。

（2）故障停电设施分类数据应用。故障停电按照故障设施分类对10kV 电网设施故障、10kV 及以上输变电系统故障、低压设施故障和发电设施故障进行对比分析。可以反映构成电网的各个部分故障对用户停电的影响。对影响故障较大的电网设施和变化幅度较大的电网设施进行重点分析，向设施管理部门提出工作建议和改进措施，强化各类电网设施专项管理。

某地市公司 2023 年各类设施故障停电造成的系统平均停电时间变化如图 9-4 所示，通过纵向对比分析，低压设施故障较上年同期上

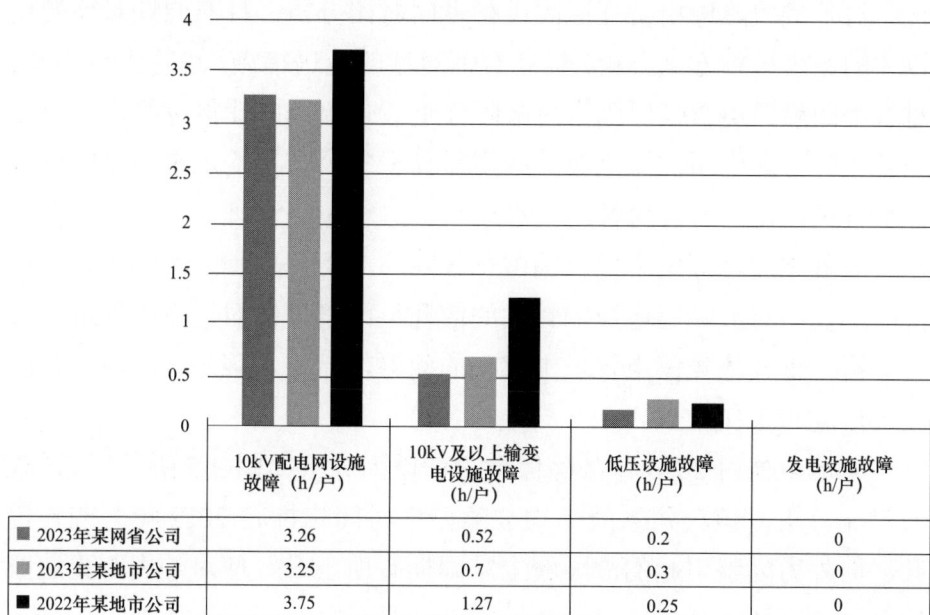

	10kV配电网设施故障（h/户）	10kV及以上输变电设施故障（h/户）	低压设施故障（h/户）	发电设施故障（h/户）
■ 2023年某网省公司	3.26	0.52	0.2	0
■ 2023年某地市公司	3.25	0.7	0.3	0
■ 2022年某地市公司	3.75	1.27	0.25	0

图 9-4 某地市公司 2023 年各类设施故障停电造成的系统平均停电时间变化图

升较多，反映该公司低压设施故障有所增加。通过横向对比分析，10kV 及以上输变电系统故障高于省公司系统平均水平。建议该公司重点加强输变电设施故障管理，通过加强设备监测、加强设备检修力度和对老旧设备进行改造等措施减少输变电设施故障次数。建议该公司可靠性归口部门与输电、变电检修专业部门会商进一步分析。同时，该公司应重点加强低压设施故障管理，特别是影响高压供电设施供电的低压设施故障管理，通过加强低压线路改造、加强高低压同杆设备管理、加强低压线路运行维护管理和加大带电作业力度等措施减少低压设施故障发生次数。建议该公司可靠性归口部门与配电、工程专业部门会商进一步分析。

（3）故障停电责任原因数据应用。按照 10kV 配电网设施故障停电责任原因设计施工，设备原因、运行维护、外力因素、自然灾害和用户影响分类进行对比和分析，通过对故障停电责任原因进行纵向对比分析和横向对比分析，分别对各类停电责任原因进行评价。

对各类故障停电责任原因进行纵向对比分析，针对同期对比变化较大的原因进行详细分析，提此有针对性的改进措施，进行重点治理。对各类故障停电责任原因占总故障停电责任原因的比例进行横向对比分行，针对其中所占比例较大或明显异于省公司平均水平的原因进行详细分析，提出有针对性的改进措施，进行重点治理。

对各类故障停电责任原因占总故障停电责任原因的比例进行总体排序，找出对故障停电影响较大的前几位因素，针对这些因素进行具体分析，查找故障停电管理中存在的问题，制定加强故障停电管理的改进措施和工作重点。

某地市公司 2023 年故障停电责任原因分析如图 9-5 所示，通过纵向对比分析，该公司系统平均故障停电时间指标较 2022 年有明显提升，但外力因素引起的故障较上年同期有所上升，应对外力因素造成的停电进行详细分析。经可靠性管理人员具体分析原因发现，由于外部施工影响和交通车辆破坏引起的故障较多。因此，建议该公司应重点开展电力设施防外力破坏工作，在电力设施保护宣传、防外力破坏制度、配电网外力损坏危险源辨识、防外力破坏技术手段等方面采取措施，减少外力因素对供电可靠性指标的影响。建议该公司可靠性归口部门与配电、安监等部门会商进一步分析。

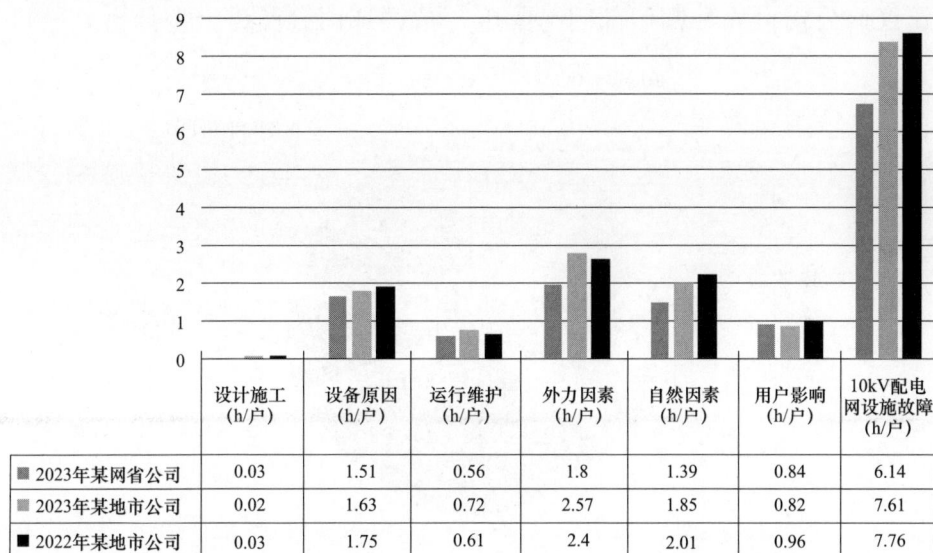

	设计施工 (h/户)	设备原因 (h/户)	运行维护 (h/户)	外力因素 (h/户)	自然因素 (h/户)	用户影响 (h/户)	10kV配电 网设施故障 (h/户)
■ 2023年某网省公司	0.03	1.51	0.56	1.8	1.39	0.84	6.14
■ 2023年某地市公司	0.02	1.63	0.72	2.57	1.85	0.82	7.61
■ 2022年某地市公司	0.03	1.75	0.61	2.4	2.01	0.96	7.76

图 9-5　某地市公司 2023 年故障停电责任原因分析

通过横向对比分析，该公司设备原因、运行维护、外力因素、自然因素对系统平均故障停电时间影响均大于省公司平均水平。说明该公司在配电网设备健康水平、配电网设备运行维护管理、配电网设备抵御气候影响的能力方面均处于省公司较低水平。建议该公司应加强设备选型和采购环节管理，采用高质量的配电设备：应加强老旧配电设施改造力度，提升设备健康水平；应加强配电设施运行管理，提高配电网运行管理水平；应加大配电网建设改造工作资金投入，提升配电网装备水平，增强配电网抵御气候因素的能力。建议该公司可靠性归口部门与计划、物资等部门会商进一步分析。

　　某地市公司 2023 年按停电责任原因分类对系统平均停电时间影响如图 9-6 所示，分析可知，影响该公司系统平均故障停电时间的主要因素是外力因素和自然因素，次要因素是设备原因、用户影响和运行维护。因此，建议该公司应重点加强配电网的日常运行维护工作，提高配电网技术装备水平，提升低于气候影响的能力，同时加强防外力破坏宣传，采取防外力破坏技术手段，减少外力破坏故障的发生。建议该公司可靠性归口部门与配电、营销部门会商进一步分析。

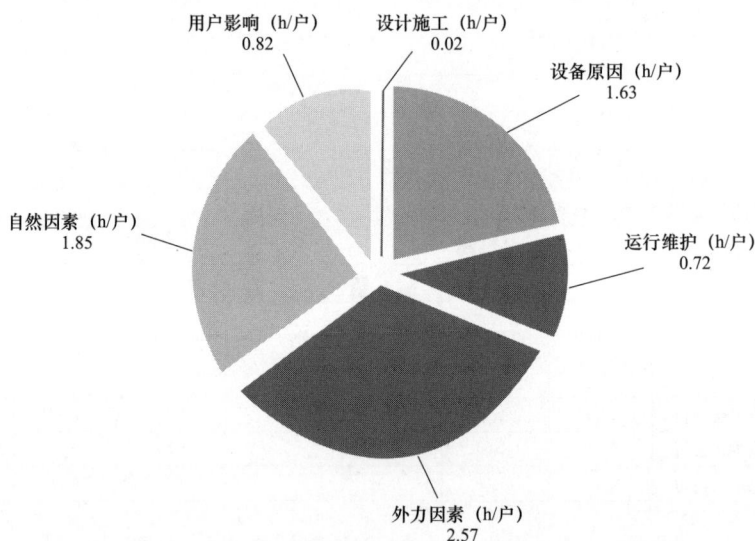

图 9-6　某地市公司 2023 年按停电责任原因分类对系统平均停电时间影响图

（4）故障停电技术原因数据应用。目前，供电可靠性故障停电技术原因按故障停电设备分为 11 个大类，按停电技术原因分为 59 个小类。其中，故障停电设备包括架空线路、电缆线路、柱上设备、户外配电变压器台、箱式配电站、土建配电站、开关站、用户设备、设备不明、输变电设备和发电设备等。

通过对故障停电技术原因进行分析，可以明确配电网设备故障高发的技术原因，指导电力修造、电力设计、电力施工、运行维护和设备检修等各个环节有针对性地采取改进措施，提高电力设备可靠率，增强供电系统用户供电可靠性。

如某地市公司对 2016～2017 年柱上断路器故障进行技术分析，发现某厂家断路器操动机构不灵故障发生次数较多。经过与该厂家沟通，厂家改进了设计，同时对该公司运行中的柱上断路器进行了专项检测，对存在缺陷的柱上断路器进行了技术改造。该公司断路器故障停电率从 2016～2017 年的 1.86 次/（百台•年），降到 2018 年的 0.84 次/（百台•年）。

如某地市公司 2016～2017 年发生电缆终端故障的次数较多，达到 26 次/年，经过分析主要原因是施工工艺不良。该公司有针对性地开展了电缆施工工艺培训、电缆施工工艺竞赛等活动，以提升电缆施工工艺水平；在设备投运环节，加强电缆终端连接处直流电阻检测、交流耐压试验管理；在运行维护环节，加强电缆终端带电测温、局部放电检测等技术措施。2018 年，电缆终端过热故障次数降到 11 次/年。

2. 预安排停电数据应用

（1）预安排停电主要指标数据应用。预安排停电指标中，系统平均预安排停电时间、系统平均预安排停电频率、预安排停电平均用户数、预安排停电平均持续时间反映统计期间内供电企业预安排停电发生频率和预安排停电对用户有效供电时间的影响。其中，系统平均预安排停电频率反映供电企业在统计期间内预安排停电发生的频率，是供电企业年度预安排停电管理水平的直接体现；预安排停电平均用户数反映供电企业在统计期间内预安排停电平均影响范围，是中低压配电网络合理性、工程施工方案合理性和检修方案合理性的直接体现；预安排停电平均持续时间反映供电企业年度预安排工作合理性，是供电企业停电检修计划管理水平和供电企业施工作业水平的直接体现。系统平均预安排停电时间是上述三个指标的综合体现。

某地市公司 2023 年预安排停电主要指标如图 9-7 所示，通过纵向对比分析，发现该公司系统平均预安排停电时间和预安排停电频率较去年同期均有所上升。具体分析发现，配电网工程停电较去年同期持平，预安排检修停电户时数较去年同期上升，预安排检修停电频率较去年同期上升，反映该公司 2023 年检修停电次数和户时数明显增加。

通过横向对比分析，发现该公司预安排停电平均持续时间在省公司系统排名较落后。建议该公司应重点加强检修计划停电管理，从检修停电综合管理、优化检修停电方案、加强状态检测、合理安排检修和推广带电检修等方面加强管理，加强配电网络建设，减少预安排停电范围。同时，这公司应加强配电标准化作业时间管理，优化停电施工和停电检修方案，减少预安排停电平均持续时间。

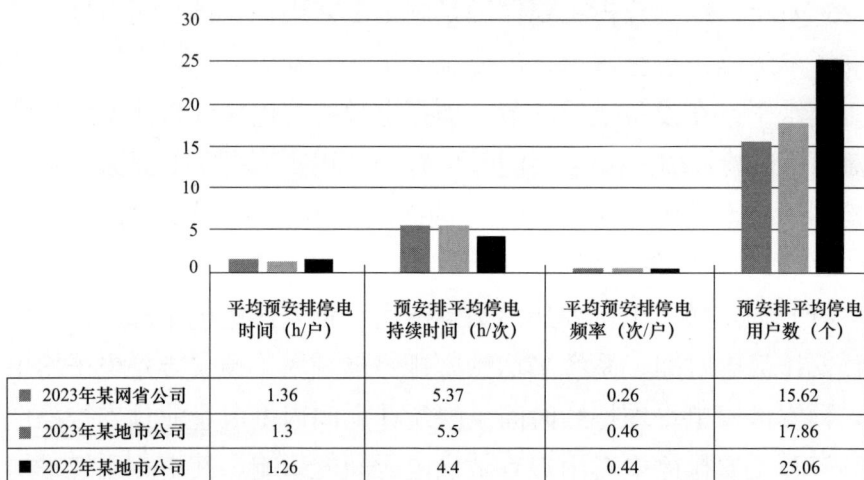

	平均预安排停电时间（h/户）	预安排平均停电持续时间（h/次）	平均预安排停电频率（次/户）	预安排平均停电用户数（个）
2023年某网省公司	1.36	5.37	0.26	15.62
2023年某地市公司	1.3	5.5	0.46	17.86
2022年某地市公司	1.26	4.4	0.44	25.06

图 9-7　某地市公司 2023 年预安排停电主要指标图

（2）预安排停电责任原因数据应用。按照 10kV 配电网设施预安排停电责任原因检修停电、工程停电、用户申请、限电、调电和低压作业影响分类进行对比和分析。通过对预安排停电责任原因进行纵向对比分析和横向对比分析，分别对各类停电责任原因进行评价。

某地市公司 2023 年预安排停电原因分析如图 9-8 所示，通过纵向对比分析，该公司系统平均预安排停电时间指标较去年有明显提升，但检修引起的系统平均预安排停电时间较上年同期有所上升，建议该公司应重点加强检修计划停电管理，从检修停电综合管理、优化检修停电方案、加强状态检测、合理安排检修和推广带电检修等方面加强管理，加强配电网络建设，减少预安排停电范围。

　　通过横向对比分析，该公司工程停电、用户申请停电、限电、调电和低压作业影响对系统平均预安排停电时间影响均小于省公司平均水平，但检修停电对系统平均预安排停电时间影响大于省公司平均水平，说明该公司 2023 年检修停电计划较多，检修停电计划安排合理性存在问题。建议该公司应重点加强检修计划停电管理工作，通过实施状态检修、设备全寿命周期管理、综合检修等管理手段，合理确定检修周期，合理安排检修停电计划；大力推广带电检修，减小停电检修影响，加强检修质量管理，避免重复检修；提高规划设计水平，多采用高可靠性、免维护的配电设备。通过综合分析可知，影响该公司系统平均预安排停电时间的主要因素是检修停电和工程停电，次要原因用户申请和调电。针对工程停电较多的现状进行细化分析，找出影响工程停电的主要因素是配电网工程建设和改造。建议该公司应加强工程停电和检修停电管理，同时采取措施减少用户申请停电以及推广应用不停电转带负荷技术，从而减少预安排停电时间。

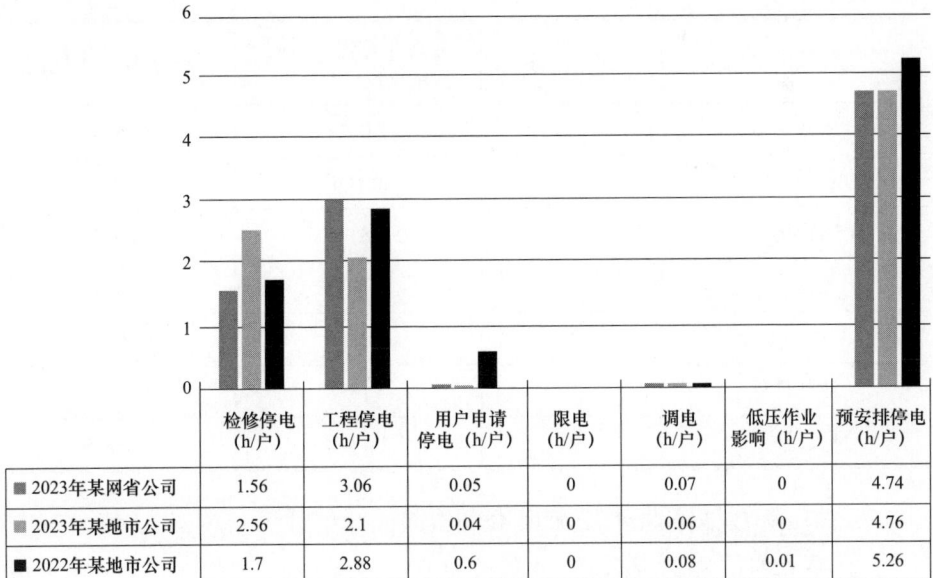

	检修停电 (h/户)	工程停电 (h/户)	用户申请 停电 (h/户)	限电 (h/户)	调电 (h/户)	低压作业 影响 (h/户)	预安排停电 (h/户)
■ 2023年某网省公司	1.56	3.06	0.05	0	0.07	0	4.74
■ 2023年某地市公司	2.56	2.1	0.04	0	0.06	0	4.76
■ 2022年某地市公司	1.7	2.88	0.6	0	0.08	0.01	5.26

图 9-8　某地市公司 2023 年预安排停电原因分析图

191

第三节　供电可靠性数据分析案例

一、预安排停电分析

（一）预安排停电指标情况

某年 8 月某供电公司系统平均预安排停电时间完成 1.1847h/户，同比增加 0.66h/户，增幅达 0.795%。其中系统平均预安排停电频率完成 0.147 次/户，同比增加 0.105 次/户；预安排平均停电持续时间完成 7.27h/次，同比增加 1.3h/次；预安排平均停电用户数的完成 23.26 户/次，同比增加 13.88 户/次，可见某年 8 月影响某供电公司预安排停电指标的停电频率、停电时间、停电范围均有较大幅度的上升。

从责任原因分析来看，42 次停电中有 29 次停电是检修停电，共影响停电 1.0014h/户；13 次停电是工程停电，共影响停电 0.1833h/户，具体情况见表 9-1。

表 9-1　　某年 8 月某供电公司预安排停电责任原因明细

责任原因名称	停电次数	系统平均停电时间（h/户）	占预安排停电比例
检修停电	29	1.0014	84.52%
配电网设施检修	21	0.164	13.84%
主网设施检修	8	0.8374	70.68%
工程停电	13	0.1833	15.48%
配电网工程	4	0.0455	3.85%
业扩工程	9	0.1378	11.63%
预安排停电	42	1.1847	100.00%

（二）预安排停电责任原因分析

由表 9-1 可知，某年 8 月影响某供电公司预安排停电指标的主要是检修停电，其中主网设施检修占预安排停电的 70.68%，配电网设施检修占预安排停电的 13.84%。

1. 原因分析

通过分析 8 次主网设施检修的停电，其中 7 次为 220kV 单电源线路检修引发的大面积停电，1 次为变电站 C 类检修引发的停电。以某供电分公司 8 月 28 日计划检修停电为例：

（1）供电方式：某旗供电电源由 220kV 单电源供给，供电半径 441km，属于单电源、串接式供电方式，供电可靠性较低。由于某旗附近无供电电源，新建第二电源费用投资较大。

（2）停电原因：按照年度检修计划安排，为及时消除向某旗供电的变电站和输电线路缺陷，定期开展预防性试验，保证某旗安全可靠供电，2021 年 8 月 28 日经某旗旗政府批准，电力公司对 220kV 线路进行停电检修消缺，停电影响全旗 1287 户，主要工作是消除输电线路 271 条缺陷和 3 座 220kV 变电站设备消缺、周期性试验等其他涉及某旗境内变电站和线路检修工作，停电时长 20.83h。

2. 暴露问题

（1）网架结构方面：某旗供电电源由 220kV 变电站单线路供给，供电半径 441km，属于单电源、串接式供电方式，当 220kV 变电站 220kV 线路需要停电检修时，无法进行负荷转带，导致某旗全旗失电。

（2）管理责任方面：由于本次某旗停电涉及检修点多面广、地点分散，未综合考虑主线送电后，各下属变电站核实工作任务较多，未提前制定优先级开展逐级送电，送电时间较长。

（3）设备责任方面：送电过程中发生设备故障 2 起，未提前考虑设备突发故障对送电的影响，未提前进行事故演练，采取防范措施。

3. 整改建议

（1）加强网架建设。为提高某旗供电可靠性，减少停电对用户影响，经内蒙古电力（集团）有限责任公司同意，开展额济纳某旗"源网荷储"项目建设，实现对某旗第二电源供电，保证主线路在停电检修期间，某旗企事业单位、居民用户正常可靠供电。

（2）加强综合停电管理。建立每月召开检修平衡会机制，组织协调各类主配电网检修、生产技改大修、用户工程施工、线路切改等涉及停电的工作，全部开展搭车作业，避免重复停电，并合理安排人员、机械和工作工序，尽可能压缩停电时间。

（3）加强主配电网设备运维管理。持续加强输变配电设备隐患排查及治理工作，定期组织开展主配电网设备带电检测，及时发现设备缺陷，提升主配电网安全稳定可靠运行，减少因主网电配设备故障导致中压用户停电事故发生。

（4）加强不停电措施应用。定期召开停电分析会，尤其是针对整线、整变压器大面积停电事件，分析讨论不停电作业的可执行性，积极开展输电高电压等级和配电网带电作业，将不停电作业在业扩配套和工程领域实现"全覆盖"。积极应用中压发电车、移动变电站、UPS不间断电源车等先进装备开展区域性转供电，最大程度减少对外停电和限电。

二、故障停电分析

（一）故障停电指标情况

2023 年 4 月某供电公司系统平均故障停电时间完成 0.27h/户，同比增加 0.12h/户，增幅达 80%。其中系统平均故障停电频率完成 0.12次/户，同比增加 0.07 次/户；故障平均停电持续时间完成 3.63h/次，同比增加 0.58h/次；故障平均停电用户数的完成 22.12 户/次，同比增加 10 户/次，可见 2023 年 4 月影响某供电公司故障停电指标的停电频率、停电时间、停电范围均有较大幅度的上升。

从责任原因分析来看，26 次停电中有 13 次停电是用户侧设备故障影响公网线路，共影响停电 668h·户；7 次停电是设备老化引发故障，共影响停电 72h·户；6 次停电为大风大雨恶劣天气引发配电线路故障，共影响停电 568h·户，具体情况见表 9-2。

表 9-2　　　　2023 年 4 月某供电公司故障停电责任原因明细

单位	用户影响		自然因素		设备原因		合计	
	次数	时户数	次数	时户数	次数	时户数	次数	时户数
某供电分公司	5	329			3	11	8	340
某供电分公司	4	146	3	337			7	483
某供电分公司					1	27	1	27
某供电分公司			1	117			1	117
某供电分公司			1	49	1	15	2	64
某供电分公司	1	18					1	18
某供电分公司	3	175	1	65	2	19	6	259
合计	13	668	6	568	7	72	26	1308

（二）故障停电责任原因分析

由表 9-2 可知，2023 年 4 月影响某供电公司故障停电指标的主要是用户影响和自然因素，其中用户影响占总故障停电的 51%，自然因素占总故障停电的 43%。

1. 用户原因分析

通过分析 13 次用户影响的停电中，5 次为全线停电，3 次为分段开关跳闸，5 次为分支开关跳闸。通过分析 5 次全线停电发现均有分支分段开关保护未起到作用，导致故障范围扩大。以某供电分公司 4 月 21 日故障为例，大风大雨导致 10kV 东风村 9107 线路断路器过电流Ⅲ段保护动作跳闸，重合成功，该条线路主要接带某村居民负荷，故障范围内公用变压器 41 台，专用变压器 21 台。故障发生时天气雨夹雪，经巡视发现该线路某养殖场分支（用户分支）10 号杆杆顶有放电痕迹，线路停电持续时间 2.6h，影响中压用户 62 户，影响停电时户数为 161.20h·户。

（1）暴露问题：

1）某养殖场分支（用户分支）T 接点位于该线路中段，故障点前共有 3 台分段开关、1 台分支开关，其中只有 1 台正确动作，导致故障范围扩大，暴露出供电分公司对线路保护定值设置不合理。

2）某养殖场分支（用户分支）分界开关老旧，长期未进行预防性试验，开关已经失去故障隔离能力，虽然对用户下达过整改通知书，但未能监督用户及时整改，暴露出供电分公司对用户侧缺陷整改未形成闭环管理。

3）故障点前段的线路共有 4 台开关，均为非自动化开关，故障后未能给运行人员提供有效的支撑，导致故障查找时间较长，暴露出线路自动化程度不足。

4）线路共接带 62 个中压用户，用户总容量为 17535kVA，单条线路接带用户数量多，停电影响范围大，同时该线路共有两个联络点均位于线路前 1/3 段，联络点设置不合理。

（2）整改建议：

1）建议运行管理单位排查该线路分支分段开关保护配置情况，分析线路保护动作情况，重新梳理该线路分支分段开关保护设置情况，合理配置保护定值，确保故障范围可控。

2）建议运行管理单位加强用户设备监管，监督用户对故障处引线及设备进行更换，对该分支线路进行全绝缘化改造。

3）建议运行管理单位持续加强对用户缺陷整改的监督管理，监督用户更换老旧开关。

4）建议运行单位合理提报工程项目，逐步改造线路非自动化开关，同时研究投入线路自愈功能，缩短故障查找时间。

5）建议运行管理单位合理规划线路联络点，同时针对该线路用户较多，装机容量较大的问题提出可行的规划改造方案，提升线路网架结构。

6）分析发现 13 次由于用户影响停电中的 5 次全线停电，发现均有公网分支分段开关保护未起到作用的问题，导致故障范围不同程度的扩大，针对保护定值未起到应有作用。建议内蒙古电力（集团）有限责任公司逐步推进放宽变电站主变压器低压侧速断保护时限，为配电线路分级保护留出一定时间，提升配电线路保护的选择性，缩小故障范围，提升供电可靠性。

2. 自然因素分析

2023 年 4 月份某市出现恶劣大风大雨天气，平均风力达 7～8 级，某市发布气象灾害预警信号，大风大雨天气造成某市 5 条配电线路故障，通过分析 5 次自然因素影响停电，3 次为大风导致导线脱落，2 次倒杆故障。以某供电分公司 4 月 28 日故障为例，07:10 兴旺站 9119 吉升线发生接地故障，拉路停电。故障原因是大风天气导致兴旺站 9119 吉升线三金分支 16 号杆西边相导线风摆脱落，导线搭至杆塔绝缘皮磨破线路接地。09:30 故障隔离后申请站内送电，由于站内出线断路器无法遥控送电，报临时危急缺陷进行消缺，11:32 将兴旺站 9119 吉升线全线负荷临时转带至乌达站 9212 开发区线。15:35 站内间隔送电后恢复原运行方式，全线送电正常。本次故障停电 4.03h，影响用户 29 户，影响停电时户数 116.87h·户。

（1）暴露问题：运行单位在接地故障隔离后，由于站内断路器无法遥控送电，对站内故障送电时间判断不准确，未及时采取应对措施对线路进行负荷转带，导致延迟送电 3h。

（2）整改措施：

1）结合无人机外委巡视工作，重点配电线路绝缘子顶盖进行巡视，及时发现及时处理。

2）加强与配调、变电站运行人员沟通，对站内设备故障送电时间准确判断，同时完善相关应急预案，提升应急能力，提高面对突发事件时的应急处理水平。

第十章

供电可靠性监督检查及评价

内蒙古地区供电可靠性监督与评价是检验各单位供电可靠性管理工作成效的重要方面，是评价各单位参与供电可靠性管理工作重要内容。开展供电可靠性管理监督与评价，能够有力提高各单位参与供电可靠性管理工作的积极性、主动性和创造性，夯实供电可靠性管理基础，持续提高供电可靠性指标水平和管理水平，推动供电可靠性工作不断进步。本章主要介绍供电可靠性监督与评价等方面的内容。

第一节　供电可靠性监督检查

供电可靠性监督是电力监管机构对供电可靠性管理工作开展情况，对供电可靠性指标、统计、分析、应用情况及相关工作情况的合规性和规范性进行监督，并将供电可靠性指标作为电能质量指标的重要组成部分进行监管。主要分为外部监督及内部监督。

一、外部监督

外部监督主要指国家能源局可靠性管理中心的监督。国家能源局可靠性管理中心负责全国电力可靠性监督管理的日常工作。主要通过《电力可靠性管理办法（暂行）》（国家发展改革委令第 50 号）、《电力可靠性监督管理工作规范》《内蒙古电力（集团）有限责任公司电力可靠性工作管理办法》实施监督工作。

目前，国家能源局主要从以下四个方面对电力企业电力可靠性管理工作进行监管。

（1）是否贯彻执行有关电力可靠性监督管理的国家规定、技术标准、制定本企业电力可靠性管理工作制度。

（2）是否建立电力可靠性管理工作体系，落实电力可靠性管理岗位及职责。

（3）是否准确、及时、完整地采集、分析、报送电力可靠性信息。

（4）是否有效开展电力可靠性管理创新、成果应用及培训交流。

二、内部监督

内部监督主要是指电力企业按照《电力可靠性管理办法（暂行）》（国家发展改革委令第 50 号）以及各类可靠性评价规程要求，认真开展本企业及所属供电单位的电力可靠性管理工作自我约束行为。内部监督一般采取上级单位督查、同级单位互查、单位内部自查三种方式。

1. 上级单位督查

上级单位指内蒙古电力（集团）有限责任公司及电科院组织的监督检查工作。主要是对本企业的供电可靠性管理水平、可靠性工作及数据质量的检查。

2. 同级单位互查

同级单位指内蒙古电力（集团）有限责任公司所属各供电单位之间的检查工作。主要为提高管理水平、交流经验、查找各单位数据质量问题进行检查。

3. 单位内部自查

单位内部自查指本企业内部组织的自行检查工作。主要解决可供电靠性管理工作中存在的问题、督促供电可靠性数据的维护工作、检查供电可靠性数据是否正确。

检查的主要目的是为了进一步贯彻落实《电力可靠性管理办法（暂行）》（国家发展改革委令第 50 号），促进电力企业供电可靠性管理水平的提高。检查组严格按照电力可靠性管理工作检查方案的有关规定和要求开展供电可靠性管理工作检查。

检查的主要内容包括：《电力可靠性管理办法（暂行）》（国家发展改革委令第 50 号）的贯彻执行情况；企业内电力可靠性管理领导小组

及管理网络的建立（调整）和工作开展情况；供电可靠性数据的真实性、准确性、完整性和统计、报送情况；供电可靠性管理工作对生产的指导情况及供电可靠性数据的应用情况；供电可靠性管理工作经验、存在问题及改进计划。

检查本着"调查研究、查找问题、分析问题，总结经验、提高认识、推动供电可靠性管理工作深入开展"的原则，采取听取供电可靠性管理工作汇报、查看有关供电可靠性管理资料、查看生产日志及现场、核查供电可靠性资料和数据、与供电可靠性管理人员及有关生产技术人员交流等方式进行检查。

在各级监管部门的共同督促下，目前，各级电力企业大部分都建立了供电可靠性日常管理监督机制，在企业内部对供电可靠性数据报送及时性和准确性进行统计与考核，对供电可靠性专业管理的规范性和有效性等工作质量方面进行了监督与检查，有效地进行了内部监督管理工作。

第二节　供电可靠性监督管理工作的检查

配电网供电可靠性检查工作是保证供电可靠性管理水平、工作质量和数据质量的重要方面，也是检验和评价各单位供电可靠性管理成效的重要内容。配电网供电可靠性检查是可靠性监督工作的一种具体工作方式。

一、检查的前期准备

为了确保供电可靠性检查工作的顺利开展，在进行供电可靠性检查时，可根据需要成立检查组织机构，组织机构成员由参与检查的有关专家及工作人员组成，主要负责供电可靠性检查的具体业务，包括审查受检单位提供的迎检资料、核查供电可靠性基础数据和运行数据、编写检查报告等。受检单位也可视需要成立迎检组织机构，明确分工，对各项迎检资料准备进行分解。在开展迎检工作时，可参考下面的内容对各部门进行分工。

（1）供电可靠性归口管理部门负责各项管理文件，相关规程、规定或作业指导书，技术改造、大修、基建、项目计划，月度、季度和年度供电可靠性诊断分析报告等。

（2）生产运维部门负责配电网单线图、台账。

（3）调度及服务调度部门负责调度日志、操作票、工作票、停电公告、调度计划。

（4）运行维护单位负责本部门精益化平台中 GIS、MIS 的电网单线图，年度、季（月、周、日）度检修计划及故障记录，资产明细，设备台账（包括设备退役、更换明细），变电站运行、检修、设备缺陷记录。

二、供电可靠性监督管理工作检查的内容

依据内蒙古电力（集团）有限责任公司编制的《内蒙古电力可靠性管理监督检查考评标准》开展供电可靠性管理工作检查内容，主要分为四部分内容：供电可靠性监督管理、供电可靠性技术管理、供电可靠性数据管理、供电可靠性技术创新及成果运用管理。

（一）供电可靠性监督管理

包括组织机构建设、工作体系建设、管理规章制度以及技术标准的执行、供电可靠性管理信息系统应用、供电可靠性人员管理和可靠性档案管理等。

1. 组织机构建设

（1）是否建立供电可靠性技术监督管理组织机构，明确归口管理部门。生产技术部、供电分公司等均应建立供电可靠性管理监督体系，并设专职或兼职人员。

（2）归口管理供电可靠性专业工作的部门是否能够定期协调布置本单位供电可靠性管理工作，组织供电可靠性数据统计、核查、分析和上报，完成供电可靠性技术监督指标考核情况。

（3）是否建立适应本单位供电可靠性管理办法；各级人员职责是否明确，并按所规定的职责开展工作。

（4）是否按时参加国家可靠性中心、内蒙古电力（集团）有限责任公司及电科院组织的可靠性工作会议、互查、调考及培训等活动。

2. 工作体系建设

（1）是否建立本单位可供电靠性检查制度及考核制度。

（2）是否建立供电可靠性管理规章制度（包含岗位培训要求）；数据统计、指标分解等工作流程；数据填报、统计、检查、分析等工作要求。

（3）是否及时更新供电可靠性归口管理部门的部门职责、部门名称、数据报送要求等。

3. 管理规章制度及技术标准的执行

（1）是否贯彻执行国家和内蒙古电力（集团）有限责任公司下发的规定、规范及其他相关文件等情况，贯彻执行内蒙古电力（集团）有限责任公司下发的文件包括电力可靠性监督管理办法，电力可靠性监督管理工作规范，内蒙古电力可靠性监督管理办法，公司和本单位年度供电可靠性重点工作、分析报告及总结等。

（2）是否贯彻执行供电可靠性评价规程、电力可靠性管理代码、电力可靠性基本名词术语、供电可靠性管理工作手册等情况。

4. 供电可靠性管理信息系统应用

（1）是否有效配置供电可靠性人员使用系统的硬件情况。

（2）是否熟练应用供电可靠性信息系统情况。

5. 供电可靠性人员管理

（1）供电可靠性监督专工是否持证上岗情况。

（2）供电可靠性岗位人员的岗位是否不低于中级工，岗位变动是否一年不超过一次，在岗 6 个月以上是否有上岗证书。

（3）专业人员是否培训情况。

（二）供电可靠性技术管理

1. 供电可靠性基础资料管理

（1）电网基础资料管理是否完善，是否定期绘制电网单线图。

（2）设施台账、资料是否齐全，是否满足供电可靠性数据注册要求。

2. 供电可靠性统计范围认定

本单位管辖范围内的 10（20、6）kV 配电线路是否参加供电可靠性统计。

3. 供电可靠性专业分析统计

（1）是否按月度、季度、年度编制供电可靠性分析报告。

（2）报告是否经过相应部门负责人审核和批准，相关人员的签名。

（3）重大设备故障是否有分析报告。

（4）重大停电事故是否有分析报告。

（5）是否分别对故障、预安排停电的责任原因、技术原因、设备原因进行分类统计分析。

（6）分析报告是否及时有效。

（7）供电可靠性专题分析报告是否能够对故障停电和预安排停电的责任原因进行较为详细的分析，并能够提出相应的改进措施。

（8）是否能够依据分析结果，提出针对性改进措施及下阶段重点推进工作内容。

4. 供电可靠性专业管理

（1）是否制定年度供电可靠性指标分解计划，并分解至相关部门。工作计划、措施、指标分解计划以正式文件印发。

（2）是否制定年度供电可靠性重点工作计划及提升指标措施。

（3）停电检修计划及工作是否经供电可靠性管理部门的审批。

（4）是否对相关部门指标完成情况进行监督和考核。

（5）是否制定本企业供电可靠性三年或五年目标预测及规划。

（6）是否开展专业分析、总结会议。

（三）供电可靠性数据管理

是否开展供电可靠性基础数据及供电可靠性运行数据等管理，着重检查供电可靠性数据的及时性、准确性和完整性。

（四）供电可靠性技术创新及成果运用管理

1. 技术应用

（1）是否积极开展带电作业的项目，对带电作业应进行统计及数据录入。

（2）是否积极开展带电测试的项目，带电测试数据用于设备分析，开展设备在线测试情况。

（3）是否积极开展配电网状态检修。

2. 技术创新研究

（1）是否开展与电力可靠性中心合作立项的项目研究。

（2）是否开展与内蒙古电力（集团）有限责任公司合作的有关供电可靠性的立项项目研究。

（3）本单位内是否开展有关供电可靠性的立项项目研究。

3. 供电可靠性技术成果应用

（1）供电可靠性技术创新或项目研究成果是否在全国推广应用。

（2）供电可靠性技术创新或项目研究成果是否在内蒙古电力（集团）有限责任公司推广应用。

（3）供电可靠性技术创新或项目研究成果是否在本单位推广应用。

第三节　供电可靠性数据质量检查

供电可靠性数据质量检查形式分为定期检查和不定期的检查。供电可靠性数据检查主要是检查基础数据和运行数据的及时性、准确性和完整性。

一、基础数据检查

（一）基础数据检查范围及原则

基础数据检查的范围包括供电企业产权范围内的全部以及产权属于用户而委托供电企业运行、维护、管理的电网及设施。

（二）基础数据检查的主要内容

（1）本单位所管理的统计范围内的配电设施以及新投运的设施。

（2）各单位全口径（1+2+3+4）供电可靠性基础数据录入的及时性、完整性和准确性。

（3）单位属性、设施属性和名称、代码，在一个统计单位内是否保证唯一性，并符合"信息系统"的规则要求。

（4）供电设施及用户的基本信息（如用户电压、容量、统计单位、公专变压器属性、是否双电源）的准确性与规范性。

（5）配电设施及用户的出厂日期、投产日期等运行时间信息，是否准确无误。

（6）配电设施投运、变更、退出、退役等操作是否在规定期限内通过供电可靠性系统完成维护。

（7）数据变动情况的检查，重点检查新增线段、应该新增而未新增的线段、用户数据、用户信息。

（8）异常情况的检查，重点检查是否有异常现象，如短时间内新增大量线段或用户、突然退出大量线段或用户等。

（三）基础数据检查方法

（1）根据电网接线图核对供电可靠性统计范围。

（2）根据变电站一次主线图、配电线路图等核对供电可靠性基础数据。

（3）根据设施台账核对供电设施可靠性基础数据的参数。

（4）根据现场设施铭牌参数核对供电可靠性基础数据的参数及设施台账。

（5）根据生产管理系统的数据核对供电可靠性基础数据的参数及设施台账。

二、运行数据检查

（一）运行数据检查范围及原则

运行数据检查的范围包括纳入供电可靠性统计范围的所有运行事

件，包括停电及不停电事件。具体如下：供电可靠性系统中录入的运行数据、技改及大修计划、停电计划、调度日志、变电站运行日志、检修实验记录、工作票、操作票、缺陷记录、断路器跳闸、投诉记录、对外发布的停电信息、负荷曲线、带电作业记录等资料。

运行数据检查的原则主要是满足供电可靠性要求：①保证运行数据上报的及时性、准确性和完整性；②保证基础资料和相关信息系统资料一一对应；③保证供电可靠性系统运行数据能够反映生产运行实际情况。

（二）运行数据检查的主要内容

1. 事件录入的完整性

（1）对照有关的运行日志、工作票和操作票等原始记录，检查供电设施可靠性统计事件数据是否有遗漏。

（2）综合检修是否将进行检修作业的所有停电设施及用户纳入统计。

（3）分段管理线路是否按实际停运情况进行了统计。

（4）单台变压器停运事件是否未纳入统计。

（5）停运事件的状态分类、起止时间、停电设备、技术原因、责任原因以及备注说明信息是否准确填写。

（6）所有非计划停运事件是否在备注中填写事件详细原因。

（7）如停运事件因责任原因在当月无法给出准确定性而填写为"待查""责任原因不清"的，是否在下月数据报送前完成修改，逾期仍无准确原因的是否已书面上报备案。

2. 事件录入的准确性。

（1）停运事件的分类及停电性质选择是否准确。

（2）停运事件的用户起始和终止时间填写是否与实际相符。

（3）停电范围的选择是否与实际相符，是否存在遗漏或多选。

（4）停电事件停电责任原因与技术原因的选择是否详细、准确。

（三）运行数据检查方法

对照现场的工作票、操作票、对外发布的停电信息（95598系统和微信公众号）以及负荷曲线，检查系统中统计的运行事件是否有遗漏，停电事件和停电范围是否正确；检查生产管理系统已执行的年度、月度、日停电及带电计划和故障停电记录与推送供电可靠性的运行数据是否一致。

三、可靠性数据考评标准

近几年来，内蒙古自治区经济发展水平在加速增长的同时，内蒙古电网的建设也在不断的加强，内蒙古电力（集团）有限责任公司把提高电力系统可靠性水平放在电力发展的重要位置上，要求加强对各供电企业单位的可靠性检查及考核的力度。随着可靠性工作的不断深入，可靠性管理的各项规定也在不断完善，制定了《内蒙古电力（集团）有限责任公司电力可靠性工作管理办法》，以促进可靠性管理人员的业务水平，提高内蒙古电网的生产运行水平及生产管理水平。

四、检查资料清单

检查资料清单如下：

（1）公司重点工作文件及可靠性相关文件。

（2）年度、季（月）度检修计划以及每月的生产工作计划。

（3）生产管理系统配电网单线图。

（4）变电站运行日志、检修日志、调度日志、操作票、工作票、应急抢修单、95598 生产类停电信息池数据。

（5）配电网设备台账（包括设备退役、更换明细）、线路及设备投运单、线路及设备变更单。

（6）对社会正式发布的配电网停电公告。

（7）设备缺陷记录、事故及异常情况记录、故障分析报告。

（8）相关规程、规定或作业指导书。

（9）月度、季度和年度用户供电可靠性分析报告。

（10）可靠性专业工作会议资料，培训工作相关记录。

（11）检修平衡会相关会议记录及转供电方案。

五、检查工作总结

检查过程和每一阶段均应形成相应的报告，为确保检查工作的效率，要求开展检查前，被查单位应按月进行自查，形成自查材料并留存以备核查。自查报告，自查报告模板主要包括以下三个方面：

1. 检查工作开展情况

介绍检查工作的具体安排、核查过程、受检单位配合情况等。

2. 可靠性工作开展情况

每部分从整体情况、工作的主要特色和亮点、存在的主要问题三方面进行描述。

（1）可靠性管理体系的建设情况。包括可靠性规章制度制定情况、可靠性管理网络建立情况、可靠性工作制度建立执行情况。

（2）可靠性专业管理工作质量。可靠性日常工作开展深度情况包括整体情况、工作的主要特色和亮点、存在的主要问题。

（3）可靠性数据质量情况。描述抽查的数据范围、抽查的基础数据和运行数据记录条数，对数据存在的共性问题进行归纳总结，并分析问题产生的原因。

3. 整体工作评价及下一步整改方案

对本单位工作进行整体评价，针对自查发现的问题，提出下一步整改工作的意见和建议。